Léon Jentgen
Heinz-Peter Schmitz

**Dictionary of
Pressure Vessel and
Piping Technology**

**Wörterbuch der
Druckbehälter- und
Rohrleitungstechnik**

FDBR FACHWÖRTERBUCH BAND 1

Dictionary of Pressure Vessel and Piping Technology

Wörterbuch der Druckbehälter- und Rohrleitungstechnik

Dipl.-Ing. Léon Jentgen (VDI)

Übersetzer (grad.) Heinz-Peter Schmitz (FDBR)

In memory of Léon Jentgen who died during the preparation of this dictionary.

Im Angedenken an Léon Jentgen, der während der Vorbereitungen zu diesem Wörterbuch verstarb.

FDBR   FACHVERBAND DAMPFKESSEL-, BEHÄLTER- UND ROHRLEITUNGSBAU E.V.

ISBN 3-8027-2278-7

Gedruckt mit Unterstützung des Förderungs- und
Beihilfefonds Wissenschaft der VG Wort

Das Werk ist urheberrechtlich geschützt. Die dadurch begründeten Rechte, insbesondere die der Übersetzung, des Nachdrucks, der Entnahme von Abbildungen, der Funksendung, der Wiedergabe auf photomechanischem Weg und der Speicherung in Datenverarbeitungsanlagen bleiben, auch bei nur auszugsweiser Verwertung, vorbehalten.

© Vulkan-Verlag, Essen — 1986

Printed in Germany

Die Wiedergabe von Gebrauchsnamen, Handelsnamen, Warenbezeichnungen usw. in diesem Werk berechtigt auch ohne besondere Kennzeichnung nicht zu der Annahme, daß solche Namen im Sinne der Warenzeichen- und Markenschutz-Gesetzgebung als frei zu betrachten wären und daher von jedermann benutzt werden dürften.

Foreword

In order to accurately translate technical texts into another language, the translator must be familiar with the technical terms current in a given field. However, the terms themselves present their own range of difficulties; some retain the same meaning across the whole technological spectrum, whereas others vary in meaning depending on the technical context in which they are employed. There is also the problem of technical terms and expressions peculiar to a given field. This often means that it is impossible, without additional information, to assign a given expression to the correct field, which naturally increases the risk of inaccurate usage and solecisms in translation.

As a general rule, it can be said that the number and variety of technical terms current in a language depend on the level of technology in the society in which this language is spoken. Accordingly, English and German both possess a rich technical vocabulary. But this very richness makes it extraordinarily difficult, even for an expert who is at home in both languages, to ascertain the correct expression for the concept he wishes to translate and be sure it is appropriate for the technical field he is dealing with.

The problem is naturally compounded if the translator has only a slight acquaintance with a particular technical field.

The intention of the authors has been to alleviate this problem by compiling a specialised dictionary containing the appropriate English and German terms in the following technical fields: materials science, welding, destructive and non-destructive testing, thermal and mass transfer, the design and construction in particular of pressure vessels, tanks, heat exchangers, piping, expansion joints, valves, and components associated with the above fields.

This dictionary is the result of many years spent in evaluating technical terminology from the relevant American and British regulations, technical rules, standards, and specifications (see bibliography) and correlating these with the terminology of comparable German regulations, rules and standards, together with the essential technical literature.

The authors' professional experience as engineer/translator and translator/official in charge of documentation respectively is reflected in this dictionary. Advice and information proffered by experts from member firms of our Association has also been included. As an example, additional explanations have been included where a term has more than one meaning, in order to facilitate selection of the correct sense and also help in assigning the word to the appropriate technical context.

The authors were particularly concerned that the dictionary should be as handy and easy to use as possible and have therefore designed it as a two-volume reference work:

- Volume 1 English-German
- Volume 2 German-English

We trust that users will find this dictionary a welcome assistance. Our thanks are due to Messrs. Jentgen and Schmitz for the thorough and careful work which has gone into the making of this book, and to the Vulkan-Verlag for the excellent layout and production.

Düsseldorf, May 1986

F D B R

Fachverband Dampfkessel-,
Behälter- und Rohrleitungsbau e.V.

F. Adrian	A. Schumacher
President	Managing Director

Vorwort

Für die zuverlässige Übersetzung technischer Texte in eine andere Sprache ist die Kenntnis der zutreffenden Fachausdrücke unerläßlich. Bei den Fachausdrücken gibt es jedoch eine entscheidende Schwierigkeit: Es gibt Fachausdrücke, die in allen technischen Sachgebieten die gleiche Bedeutung haben; andere dagegen haben je nach Sachgebiet unterschiedliche Bedeutungen. Darüber hinaus haben sich in einzelnen Sachgebieten eigene Fachausdrücke herausgebildet, die in anderen Sachgebieten nicht wiederkehren. Welchen Sachgebieten die einzelnen Fachausdrücke zuzuordnen sind, ob sie teilweise oder ganz übergreifend gelten, ist vielfach ohne zusätzliche Angaben nicht zu erkennen.

Die Zahl der unterschiedlichen Fachausdrücke einer Sprache ist sehr wesentlich davon abhängig, wie weit der Stand der Technik in dem betreffenden Sprachraum fortgeschritten ist. Daraus ergibt sich die Vielzahl technischer Fachausdrücke in der englischen und auch deutschen Sprache. Selbst für den in diesen beiden Sprachen kundigen Fachmann ist es oft mühsam, den für ein bestimmtes Sachgebiet zutreffenden Fachausdruck zu ermitteln. Um so schwieriger stellt sich die Aufgabe der zutreffenden Übersetzung für jeden, der nur gelegentlich auf einem speziellen Sachgebiet tätig ist.

Vor diesem Hintergrund erklärt sich das Anliegen, ein spezielles Fachwörterbuch zu schaffen, in dem die einander entsprechenden englischen und deutschen Fachausdrücke folgender Sachgebiete enthalten sind: Werkstofftechnik, Schweißtechnik, zerstörende und zerstörungsfreie Prüfung, Wärme- und Stoffübertragung, Konstruktion und Bauausführung, insbesondere von Druckbehältern, Tanken, Wärmeaustauschern, Rohrleitungen, Kompensatoren, Armaturen und deren Komponenten.

Das nunmehr vorliegende Fachwörterbuch ist das Ergebnis jahrelanger Auswertung von Fachausdrücken der wesentlichen US-amerikanischen und britischen Vorschriften, Technischen Regeln, Normen und Spezifikationen (siehe Schrifttumsnachweis). In diese Auswertung sind die entsprechenden Ausdrücke vergleichbarer deutscher Technischer Regeln und Normen sowie der maßgeblichen Fachdokumentation einbezogen worden.

Die praktischen Erfahrungen der Autoren aus ihrer fachlichen Tätigkeit als Ingenieur, Übersetzer und als Sachbearbeiter für Dokumentation sind in dieses Wörterbuch eingeflossen. Berücksichtigt sind auch vielfältige Ratschläge und Hinweise von Fachleuten aus Mitgliedsfirmen unseres Verbandes. So sind beispielsweise ergänzende Erläuterungen aufgenommen worden, die bei Doppelbedeutungen die Suche nach dem zutreffenden Fachausdruck erleichtern. Die Erläuterungen enthalten auch Hinweise auf das Sachgebiet, dem der jeweilige Ausdruck zuzuordnen ist.

Besonderen Wert haben die Autoren auf die Handlichkeit und Übersichtlichkeit dieses Fachwörterbuchs gelegt. Sie haben es deshalb als zweibändiges Werk ausgeführt:
— Band 1 Englisch-Deutsch
— Band 2 Deutsch-Englisch

Wir hoffen, daß dieses Fachwörterbuch allen Anwendern eine willkommene Arbeitshilfe sein wird. Den Herren Jentgen und Schmitz danken wir sehr herzlich für ihre sorgfältige Arbeit. Dem Vulkan-Verlag gebührt unser Dank für die Mühe und Sorgfalt bei der Gestaltung und Herstellung dieses Buches.

Düsseldorf, im Mai 1986
FDBR
Fachverband Dampfkessel-,
Behälter- und Rohrleitungsbau e.V.

F. Adrian   A. Schumacher
Vorsitzender Geschäftsführer

List of abbreviations/
Abkürzungsverzeichnis

eddy t.	=	eddy current testing	Wirbelstromprüfung
f	=	female	Femininum
gen.	=	general	allg. = allgemein
m	=	male	Maskulinum
magn. t.	=	magnetic particle testing	Magnetpulverprüfung
obs.	=	obsolete	veraltet
pl.	=	plural	Plural
radiog.	=	radiography	Durchstrahlungsprüfung
UK	=	British English	britisches Englisch
ultras.	=	ultrasonic testing	US-Prüfung; Ultraschallprüfung
US	=	American English	amerikanisches Englisch

General Remark — Allgemeine Anmerkung

The square brackets contain definitions and explanations or indicate the field to which the term is to be assigned.

Die eckigen Klammern enthalten Begriffsbestimmungen und Erläuterungen oder geben das Sachgebiet an, dem der Ausdruck zuzuordnen ist.

A

above-grade (pipe)line; above-ground (pipe)line	Überflur(rohr)leitung *(f)*; obererdige Rohrleitung *(f)*; oberirdische Rohrleitung *(f)*
absolute coil	Absolutspule *(f)*
absolute measurement	Absolutmessung *(f)*
absolute pressure	Absolutdruck *(m)*
absolute pressure leak test	Leckprüfung *(f)* mittels Absolutdruck
absolute readout	Absolutanzeige *(f)*
absorbed energy [impact test]	verbrauchte Schlagarbeit *(f)* [Kerbschlagbiegeversuch]
absorption coefficient	Absorptionskoeffizient *(m)*
absorption of black light radiation	Absorption *(f)* von UV-Strahlen
absorptive coating	absorbierender Überzug *(m)*
absorptivity; absorptive power	Absorptionsfähigkeit *(f)*; Absorptionsvermögen *(n)*
abutment [support]	Auflager *(n)*
abutting edges *(pl)*; abutting ends *(pl)* [welding]	Stoßkanten *(f, pl)* [Schweißen]
acceptance level (for defects)	Abnahme-Level *(m)*; Fehlergrenzstufe *(f)*; Abnahmegrenzlage *(f)*
acceptance-rejection examination	Prüfung *(f)* für die Abnahme und Zurückweisung von Fehlern
acceptance specification	Abnahmevorschrift *(f)*
acceptance standard	Abnahmenormal *(n)*; Richtlinie *(f)* für die Abnahme und Zurückweisung von Fehlern
acceptance test	Abnahmeversuch *(m)*
accept-reject categories *(pl)*	Gut-/Schlecht-Klassen *(f, pl)* [Abnahme von Fehlern]
access door; access opening	Befahröffnung *(f)*; Einsteigeöffnung *(f)*
access eye; cleanout	Reinigungsöffnung *(f)*
access opening; access door	Befahröffnung *(f)*; Einsteigeöffnung *(f)*
access port	Einsteigeklappe *(f)*
accomodation of load surges	Abfangen *(n)* von Laststößen
acme thread	Trapezgewinde *(n)*
acting point [actuator]	Schaltpunkt *(m)* [Stellantrieb]
actual construction time	Istbauzeit *(f)*; tatsächliche Bauzeit *(f)*
actual throat thickness [fillet weld]	Nahthöhe *(f)*; Schweißnahthöhe *(f)* [Kehlnaht; Schweißen]
actuator [valve]	Stellantrieb *(m)*; Betätigungseinrichtung *(f)*; Stelleinrichtung *(f)* [Ventil]
adapter; intermediate piece; transition piece	Zwischenstück *(n)*
additive stress	zusätzliche Spannung *(f)*
adhering electrode material	anhaftender Elektrodenwerkstoff *(m)* [an der Werkstückoberfläche]
adhesion	Haftung *(f)*; Adhäsion *(f)*
adhesion [bonding test]	Bindung *(f)* [Bindungsprüfung]
adhesive (bonded) joint; bonded joint	klebebondierte Verbindung *(f)*; Klebeverbindung *(f)*
adhesive strength	Haftvermögen *(n)*; Haltefestigkeit *(f)*
adiabatic wall temperature	Eigentemperatur *(f)* der Wand

adjustable elbow

adjustable elbow; single banjo	richtungseinstellbare Winkelverschraubung *(f)*
adjustable fitting; banjo	richtungseinstellbare Verschraubung *(f)*
adjustable support	verstellbare Stütze *(f)*
adjusting nut	Stellmutter *(f)*
adjustment	Einstellung *(f)*; Justierung *(f)*
adjustment control system	Einstellsteuerwerk *(f)*
adjustment device	Einstelleinrichtung *(f)*
aeration connections *(pl)*; purge connections *(pl)*	Spülanschlüsse *(m, pl)*; Belüftungsanschlüsse *(m, pl)*
aeration test	Belüftungsprobe *(f)*; Belüftungsprüfung *(f)*; Belüftungsversuch *(m)*
age-hardening crack	Aufhärtungsriß *(m)* [entsteht durch Gefügeveränderung; dadurch hervorgerufene Volumenänderungen erzeugen Spannungen]
ageing-induced crack; nitrogen diffusion crack	Alterungsriß *(m)* [entsteht durch Alterungsvorgänge]
aggregate capacity [valve]	Gesamtabblaseleistung *(f)* [Ventil]
aggregate footage of welds	Gesamtlänge *(f)* der Schweißnähte
aggregate strength	Gesamtfestigkeit *(f)*
air-actuated direction valve; air-controlled direction valve; air-operated direction valve; pneumatically operated direction valve	pneumatisch betätigtes Wegeventil *(n)*; Wegeventil *(n)* mit pneumatischer Verstellung
air binding	Stauung *(f)* von Luft
air bleeder; bleeder hole; bleeder port; bleeder; vent; vent port	Entlüftungsbohrung *(f)*; Entlüftungsöffnung *(f)*; Entlüftung *(f)*; Entlüfter *(m)*
air breather	Entlüftungsorgan *(n)*; Lüftungsorgan *(n)*
air clamp; line-up clamp; alignment clamp; air line-up clamp	Druckluftzentrierklammer *(f)*; Preßluftzentrierklammer *(f)*
air-controlled direction valve; air-actuated direction valve; air-operated direction valve; pneumatically operated direction valve	pneumatisch betätigtes Wegeventil *(n)*; Wegeventil *(n)* mit pneumatischer Verstellung
air gap	Luftspalt *(m)*
air leakage	Luftleckage *(f)*; Luftleckverlust *(m)*
air line-up clamp; line-up clamp; alignment clamp; air clamp	Druckluftzentrierklammer *(f)*; Preßluftzentrierklammer *(f)*
air-oil heat exchanger; oil-to-air heat exchanger	Öl/Luft-Wärmetauscher *(m)*
air-operated direction valve; air-actuated direction valve; air-controlled direction valve; pneumatically controlled direction valve	pneumatisch betätigtes Wegeventil *(f)*; Wegeventil *(n)* mit pneumatischer Verstellung
air pocket	Luftblase *(f)*
air-pressure reducing valve	Luftdruckreduzierventil *(n)*
air receiver	Druckluftbehälter *(m)*
air storage tank	Luftspeichertank *(m)*
aligned wormholes *(pl)*	Schlauchporenkette *(f)*; lineare Schlauchporen *(f, pl)*
alignment	Fluchtung *(f)*

	angle clip

alignment clamp; air clamp; air line-up clamp; line-up clamp	Druckluftzentrierklammer *(f)*; Preßluftzentrierklammer *(f)*
alligator fitting	Klauenverbindung *(f)*
allowable centreline rotation	zulässige Verdrehung *(f)* der Mittellinie
allowable displacement stress range	zulässige Verlagerungsschwingbreite *(f)*
allowable indication; allowable flaw size [ultras.]	zulässige Fehlergröße *(f)* [US-Prüfung]
allowable soil loading	zulässige Bodenbelastung *(f)*
allowable stress	zulässige Spannung *(f)*
allowable stress (value) in bearing	zulässige Spannung *(f)* auf Pressung
allowable stress (value) in pure shear	zulässige Spannung *(f)* auf reine Abscherung
allowable stress (value) in tension	zulässige Spannung *(f)* unter Zugbeanspruchung
allowable working stress	zulässige Betriebsspannung *(f)*
all thread	Ganzgewinde *(n)*
all-thread (hanger) rod	Gewindestange *(f)*
all-weld metal	reines Schweißgut *(n)*
all-weld metal tensile strength	Zugfestigkeit *(f)* des reinen Schweißguts
all-weld metal test specimen	Schweißgutprobe *(f)*
alternating stress difference	Wechselspannungsdifferenz *(f)*; wechselnde Spannungsdifferenz *(f)*
alternating stress intensity	Vergleichswechselspannung *(f)*
alternating tensile stresses *(pl)*	alternierende Zugspannungen *(f, pl)*
alumina banding [rolling]	Tonerdezeilen *(f, pl)* [Walzfehler]
ambient pressure	Umgebungsdruck *(m)*
ambient temperature	Raumtemperatur *(f)*; Umgebungstemperatur *(f)*
amplitude control linearity	Linearität *(f)* der Amplitudenregelung
amplitude reference line; ARL	Amplitudenbezugslinie *(f)*
amplitude response	Amplituden-Ansprechen *(n)*
anchor; anchor point	Festpunkt *(m)*; Festpunktlager *(n)*
anchorage	Verankerung *(f)*
anchor chair	Lagerbock *(m)*
anchor displacement	Festpunktverlagerung *(f)*
anchoring bracket	Festpunkt-Konsole *(f)* [Rohrleitung]
anchoring device	Verankerungsvorrichtung *(f)*
anchor plate	Ankerblech *(n)*
anchor point; anchor	Festpunkt *(m)*; Festpunktlager *(n)*
anechoic trap [ultras.]	akustischer Sumpf *(m)* [US-Prüfung]
angle [gen.]	Winkel *(m)*; Ecke *(f)*; Kante *(f)* [allg.]
angle, top . . . [tank]	Dacheckring *(m)* [Tank]
angle beam calibration [ultras.]	Justierung *(f)* für Schrägeinschallung [US-Prüfung]
angle beam scanning (technique) [ultras.]	Schrägeinschallung(stechnik) *(f)* [US-Prüfung]
angle beam search unit; angle probe [ultras.]	Winkelprüfkopf *(m)* [US-Prüfung]
angle between probes [double probe method only; ultras.]	Prüfkopfeinstellwinkel *(m)* [nur bei Doppelprüfkopfverfahren; US-Prüfung]
angle check valve	Eck-Rückschlagventil *(n)*
angle clip	Winkeleisenhalter *(m)*

angle coupling

angle coupling; angle fitting; elbow fitting; elbow coupling	Winkelverschraubung *(f)*; Winkelverbindung *(f)*
angled beam [ultras.]	Schrägeinschallung *(f)* [US-Prüfung]
angled pitch-catch technique [ultras.]	Tandemprüfverfahren *(n)* [US-Prüfung]
angle joint	Eckverbindung *(f)*
angle of beam spread; beam spread angle [ultras.]	Divergenz *(f)*; Öffnungswinkel *(m)* des Schallstrahlenbündels [US-Prüfung]
angle of bending	Biegewinkel *(m)*
angle of incidence [ultras.]	Einfallswinkel *(m)*; Einschallwinkel *(m)* [US-Prüfung]
angle of refraction [ultras.]	Brechungswinkel *(m)* [US-Prüfung]
angle of rotation [welding]	Schweißpositionswinkel *(m)*
angle of twist	Verdrehungswinkel *(m)*
angle probe; angle beam search unit [ultras.]	Winkelprüfkopf *(m)* [US-Prüfung]
angle-type full lift safety valve	Eck-Vollhubsicherheitsventil *(n)*
angle-type safety valve; angle-pattern safety valve	Eck-Sicherheitsventil *(n)*
angle-type safety valve with lever	Eck-Hebelsicherheitsventil *(n)*
angle-type spring-loaded safety valve	Eck-Federsicherheitsventil *(n)*
angle valve; corner valve	Eckventil *(n)*; Schrägsitzventil *(n)*
angular deviation	Winkelabweichung *(f)*
angular discharge elbow [valve]	winkelförmiger Abblasekrümmer *(m)* [Ventil]
angular incidence [ultras.]	Schrägeinfall *(m)* [US-Prüfung]
angular layout of the weld	Winkelanzeichnung *(f)* der Schweißnaht
angular misalignment [weld defect]	Winkelversatz *(m)* [Schweißnahtfehler; die geschweißten Teile bilden einen nicht vorgeschriebenen Winkel]
angular offset [nozzle]	Abwinklung *(f)* [Stutzen]
angular rotation [expansion joint]	Winkelverdrehung *(f)*; Winkelausschlag *(m)* [Abwinkelung von Kompensatoren]
annealing	Glühen *(n)*; Ausglühen *(n)*
annular bottom plate [tank]	Bodenringblech *(n)* [Tank]
annular coil [eddy t.]	Ringspule *(f)* [Wirbelstromprüfung]
annular coil clearance [eddy t.]	Ringabstand *(m)* der Spule; Spulen-Ringabstand *(m)* [Wirbelstromprüfung]
annular diaphragm	ringförmige Membran *(f)*
annular flow	Ringströmung *(f)*
annular groove	Ringnut *(f)*
annular orifice	Ringblende *(f)*; ringförmige Drosselblende *(f)*
annular two-phase flow	zweiphasige Ringströmung *(f)*
annulus	Ringspalt *(m)*
anti-blowback device	Rückschlagsicherungsvorrichtung *(f)*
anti-corrosion coating; corrosion protection coating	Korrosionsschutzanstrich *(m)*
anti-flood breather vent fitting	Hochwasser-Entlüftungsfitting *(n)*
anti-galling compound	Anti-Fressmasse *(f)* [Masse zur Verhinderung des Fressens]
anti-plane strain	nicht ebener Dehnungszustand *(m)*

anti-rotation device	Drehsicherung *(f)* [Einrichtung zur Vermeidung von Drehbewegungen]
anti-slag gas; purging gas [welding]	Formiergas *(n)*; Spülgas *(n)* [Schweißen]
anti-vacuum valve; anti-void valve; vacuum relief valve	Vakuumbrecher *(m)*; Unterdruckbegrenzungsventil *(n)*; vakuumbrechendes Ventil *(n)*
anti-vibration device	Schwingungsdämpfer *(m)*
anti-void valve; vacuum relief valve; anti-vacuum valve	Vakuumbrecher *(m)*; Unterdruckbegrenzungsventil *(n)*; vakuumbrechendes Ventil *(n)*
anti-weld spatter compound	schweißspritzerabweisendes Mittel *(n)*
appearance of fracture; character of fracture; fracture appearance	Bruchaussehen *(n)*
application of pressure; pressure application	Druckbeaufschlagung *(f)*
applied load	aufgebrachte Last *(f)*; Belastung *(f)*
applied strain	angewandte Dehnung *(f)*
approval (testing) of welding procedure [UK]; welding procedure qualification; WPQ [US]	Schweißverfahrensprüfung *(f)*
approved material	zulässiger Werkstoff *(m)*
approved welding procedure; qualified welding procedure	zugelassenes Schweißverfahren *(n)*
apron [gen.]	Schürze *(f)*; Seitenverankerung *(f)* [allg.]
apron [tank]	Füllrohrschürze *(f)* [Tank]
arc [gen.]	Bogen *(m)*; Kreisbogen *(m)* [allg.]
arc [welding]	Lichtbogen *(m)* [Schweißen]
arc burn; arc strike; stray flash [weld defect]	Zündstelle *(f)*; Lichtbogenüberschlag *(m)*; Lichtbogenzündstelle *(f)* [siehe: „arc strike"]
arc length	Lichtbogenlänge *(f)*
arc seam weld	Lichtbogen-Rollenschweißnaht *(f)*
arc-shaped specimen	bogenförmige Probe *(f)*
arc-spot weld	Lichtbogen-Punktschweißnaht *(f)*
arc strike; stray flash; arc burn [weld imperfection]	Zündstelle *(f)*; Lichtbogenüberschlag *(m)*; Lichtbogenzündstelle *(f)* [Schweißnahtfehler; örtliche Anschmelzung auf der Oberfläche des Grundwerkstoffs oder der Schweißnaht]
arc stud welding	Lichtbogenbolzenschweißen *(n)*
arc time	Lichtbogenbrenndauer *(f)*
arc welding	Lichtbogenschweißen *(n)*
arc welding electrode	Lichtbogenschweißelektrode *(f)*
arc welding with electrode fed by spring	Federkraftlichtbogenschweißen *(n)*
arc zone; zone of the arc [welding]	Lichtbogenzone *(f)*; Bogenzone *(f)* [Schweißen]
area characteristic [valve]	Drosselcharakteristik *(f)*; Drosselverhalten *(n)*; Öffnungscharakteristik *(f)*; Öffnungsverhalten *(n)* [Ventil]
area replacement	Flächenausgleich *(m)*
arithmetical average	arithmetischer Mittelwert *(m)*

ARL

ARL; amplitude reference line	Amplitudenbezugslinie *(f)*
arrest toughness, crack ...	Rißauffangzähigkeit *(f)*
artefact [radiog.]	Artefakt *(n)*; Filmfehler *(m)* [Durchstrahlungsprüfung]
articulated expansion joint	Gelenkkompensator *(m)*
articulated go-devil	Gelenkmolch *(m)*; lenkbarer Molch *(m)*
articulated pipe section	Gelenkverbindung *(f)* [Rohrleitung]
artificial crack	künstlicher Riß *(m)*
artificial discontinuity	künstlicher Werkstoffehler *(m)*
as-built data sheet	Baudatenblatt *(n)*
as-built shell thickness	ausgeführte Mantelwanddicke *(f)*
as-built sketch	Fertigskizze *(f)* [den fertigen Behälter darstellende Skizze]
as-cast section size	Gußquerschnittsgröße *(f)*
as-constructed	Bauzustand *(m)*
as-delivered (condition); as-supplied	Lieferzustand *(m)* [Ablieferung]
as-delivered tube length	Anlieferungslänge *(f)* [Rohr]
as-erected	Montagezustand *(m)*
as-fabricated (condition)	Herstellungszustand *(m)*
as-installed	Einbauzustand *(m)*
as-received (condition)	Lieferzustand *(m)* [Anlieferung]
as-rolled	Walzzustand *(n)*
as-rolled or smoother [finish]	walzrauh od. besser [Oberflächenzustand]
assembly	Zusammenbau *(m)*; Montage *(f)*
assembly alignment tolerance	Fluchtungstoleranz *(f)* beim Zusammenbau
assembly clearance	Einbauspiel *(n)*
assembly drawing	Zusammenstellungszeichnung *(f)*
assembly stress	Spannung *(f)* im Einbauzustand
as-supplied; as-delivered (condition)	Lieferzustand *(m)* [Ablieferung]
as-welded	Schweißzustand *(m)* [ohne Wärmenachbehandlung]
as-welded weldment	Schweißkonstruktion *(f)* im geschweißten Zustand
atmospheric air; free air	atmosphärische Luft *(f)*; Luft *(f)* im Ansaugungszustand; Außenluft *(f)*
atmospheric icing	atmosphärische Eisbildung *(f)*
atmospheric pressure	atmosphärischer Druck *(f)*; Atmosphärendruck *(m)*
atmospheric relief hood [safety valve]	Abblasehaube *(f)* [Sicherheitsventil]
atmospheric tank	überdruckloser Tank *(m)*
atomic bonding forces *(pl)* [within structure of material]	zwischenatomare Kraft *(f)* [innerhalb des Werkstoffgefüges]
atomise [v] through a nozzle	verdüsen [V]
attaching boss	Befestigungsnocken *(m)*
attachment	Anbauteil *(n)*
attachment lug	Befestigungspratze *(f)*
attachment piece	Aufsatzstück *(n)*
attachment weld	Anschweißnaht *(f)*; Befestigungsnaht *(f)*
attendance	Aufsicht *(f)*; Beaufsichtigung *(f)*
attendant facilities *(pl)*	Nebenanlagen *(f, pl)*
attenuation of sound [ultras.]	Schallschwächung *(f)* [US-Prüfung]

attenuator [ultras.]	Abschwächer *(m)* [US-Prüfung]
attenuator pad [ultras.]	Dämpfungsglied *(n)* [US-Prüfung]
atypical ligament [tubesheet]	Steg *(m)*, von der normalen Anordnung abweichender . . . [Rohrboden]
audible leak indicator [leak test]	akustischer Leckanzeiger *(m)* [Lecksuche]
austenite	Austenit *(n)*
austenitic steel	austenitischer Stahl *(m)*
austenitizing	Austenitisierung *(f)*
authorized inspector	bauüberwachender Sachverständiger *(m)*
autoclave	Autoklav *(m)*
autofrettage	Autofrettage *(f)* [Die Autofrettage dickwandiger Rohre hat zum Ziel, durch eine hohe Innendruckbeanspruchung einen Teil der Rohrwand plastisch aufzuweiten, so daß nach Druckentlastung die Rohrinnenseite Druckeigenspannungen aufweist. Dadurch ergibt sich im Betriebszustand für die Rohrinnenseite eine geringere Beanspruchung und damit unter anderem auch eine erhöhte Haltbarkeit des Rohres gegenüber pulsierendem Innendruck]
automatic scanning [ultras.]	automatische Abtastung *(f)* [US-Prüfung]
automatic seal; pressure energized seal; self-acting seal; self-adjusting seal	selbstdichtende Dichtung *(f)*; selbstwirkende Dichtung *(f)*; druckgespannte Dichtung *(f)*
automatic welding machine	Schweißautomat *(m)*
auxiliary connections *(pl)*	Nebenanschlüsse *(m, pl)*
auxiliary service piping system	Rohrleitung *(f)* für den Hilfsbetrieb
auxiliary test specimen	Hilfsprobe *(f)*; Hilfsprüfkörper *(m)*
auxiliary valve	Hilfsventil *(n)*
average bulk temperature	kalorische Mitteltemperatur *(f)*
average coefficient of pressure	Druckmittelbeiwert *(m)*
average unit soil loading [tank]	mittlere Bodenpressung *(f)* [Tank]
axial compression, subject to . . .	axial gedrückt [V]
axial extension [expansion joint]	axiale Dehnung *(f)* [Kompensator]
axial flow	axiale Strömung *(f)*
axially finned tube	Längsrippenrohr *(n)*

B

back-chip [v] [root of weld]	auskreuzen [V] [Naht-Wurzel]
backdraft [due to sudden pressure loss during in-service welding of gas pipelines]	Flammendurchschlag *(m)*; Nachinnenschlagen *(m)* der Flamme [aufgrund von plötzlichem Druckabfall beim Schweißen von Gasleitungen im Betrieb]
backfacing [flange bearing]	rückseitige Bearbeitung *(f)* [Flanschauflagefläche]
backfill	Erdaufschüttung *(f)*; Anschüttung *(f)*; Auffüllung *(f)*; Aufschüttung *(f)*
backfill, trench...	Verfüllung *(f)*; Grabenauffüllung *(f)*
backfill compactor, trench...	Grabenverdichter *(m)*
backfill crown	Überschüttungshöhe *(f)*
backfill load	Belastung *(f)* durch Aufschüttungen
backfill side of trench	Graben-Verfüll(ungs)seite *(f)*
backfill support capability [tank]	Tragfähigkeit *(f)* der Aufschüttung [Tank]
backfitting; retrofitting	Nachrüsten *(n)*
back-flush; back-wash [v]	rückspülen [V]; säubern [V] durch Stromumkehr
back-gouging	wurzelseitiges Fugenhobeln *(n)*
back-grooving	wurzelseitiges Nuten *(n)*
background density [radiog.]	Untergrundschwärzung *(f)* [Durchstrahlungsprüfung]
background fluorescence [radiog.]	Untergrundfluoreszenz *(f)* [Durchstrahlungsprüfung]
background signal [ultras.]	Rauschsignal *(n)* [US-Prüfung]
backhand welding; rightward welding	Nachrechtsschweißen *(n)*
backing [welding]	Badsicherung *(f)* [Schweißen; Schweißbadsicherung *(f)*]
backing bar	Unterlage *(f)* [Schweißen; vorübergehende...]
backing device	Gegenhalter *(m)*
backing gas	Wurzelschutzgas *(n)*
backing pump [leak test]	Vorvakuumpumpe *(f)* [Dichtheitsprüfung]
backing ring	Einlegering *(m)* [Schweißunterlage]
backing run	Wurzelgegenschweißung *(f)*
backing space [leak test]	Vorvakuumraum [Dichtheitsprüfung]
backing-space leak detection	Lecksuche *(f)* mit Anschluß des Lecksuchers an das Vakuum [Dichtheitsprüfung]
backing strip	Unterlage *(f)* [Schweißen; bleibende...]
backing-up [valve]	Rückstau *(m)* [Ventil]
backing weld	Schweißbadsicherungsnaht *(f)*
backlay welding	Gegenlagenschweißung *(f)*
back lead screen [radiog.]	Hinterfolie *(f)* aus Blei [Durchstrahlungsprüfung]
back pressure [valve]	Gegendruck *(n)* [Ventil]
back-pressure regulator	Gegendruckregler *(m)*
back-pressurizing testing [leak test]	Prüfung *(f)* durch Aufgabe von Vordruck [Dichtheitsprüfung]
back-purging [welding]	rückseitiges Spülen *(n)* [Schweißen]
back reflection [ultras.]	Rückwandecho *(n)* [US-Prüfung]

banded structure

back-scatter check [radiog.]	Prüfung *(f)* auf rückwärtige Streustrahlung [Durchstrahlungsprüfung]
back-scatter detection [radiog.]	Aufdeckung *(f)* rückwärtiger Streustrahlung [Durchstrahlungsprüfung]
back-scatter radiation [radiog.]	rückwärtige Streustrahlung *(f)* [Durchstrahlungsprüfung]
back screen [radiog.]	Hinterfolie *(f)* [Durchstrahlungsprüfung]
back-seat gasket	Doppelsitzdichtung *(f)*
back-step welding	Pilgerschrittschweißen *(n)*
back-up bar [welding]	Schweißbadsicherung *(f)* [Schweißen]
back wall echo; bottom echo [ultras.]	Rückwandecho *(n)* [US-Prüfung]
back-wash; back-flush [v]	rückspülen [V]; säubern [V] durch Stromumkehr
back weld	gegengeschweißte Naht *(f)*
bad reinforcement angle [weld imperfection]	schroffer Nahtübergang *(m)* [zu großer Winkel zwischen Grundwerkstoff und Schweißnaht]
baffle; baffle plate	Strömungsleitblech *(n)*; Leitblech *(n)*; Schikane *(f)*
baffle assembly [heat exchanger]	Leitblechsatz *(m)* [Wärmeaustauscher]
baffle device	Lenkvorrichtung *(f)* [Strömungsumlenkung]
bagging accumulation technique [leak test]	Absack-Anhäufungstechnik *(f)* [Dichtheitsprüfung]
bag hole	Sackloch *(n)*
bake-out; baking [drying of welding consumables]	Ausheizen *(n)* [Trocknen von Schweißhilfsstoffen]
balanced moments *(pl)*	ausgeglichene Momente *(n, pl)*
balanced relief valve; pressure-balanced valve; pressure-compensated valve; compensated relief valve	druckentlastetes Druckbegrenzungsventil *(n)*; druckentlastetes Ventil *(n)*; ausgeglichenes Ventil *(n)*
balancing valve	Gegendruckventil *(n)*
ball-and-socket type staybolt	Stehbolzen *(m)*, nach dem Kugelgelenkprinzip hergestellter ...
ballast [leak test]	Vorvakuumbehälter *(m)* [Dichtheitsprüfung]
ball check valve	Kugelrückschlagventil *(n)*
ball float with lever	Hebelkugelschwimmer *(m)*
ball hardness test(ing); Brinell hardness testing	Kugeldruckprobe *(f)*; Kugeldruckhärteprüfung *(f)*; Brinell-Härteprüfung *(f)*
ball indentation hardness	Kugeldruckhärte *(f)*
ball joint	Kugelgelenk *(n)*
ballooning [pipe run]	Ausbauchen *(n)* [Rohrstrang]
balloon roof [tank]	Kugeldach *(n)* [Tank]
ball (-shaped) scraper; spherical pig; go-devil	Kugelmolch *(m)*; Trennkugel *(f)*
ball sleeve, olive ...	Doppelkegelklemmring *(m)*
ball-type direction control valve	Kugelwegeventil *(n)*
ball-type expansion joint	Kugelgelenkkompensator *(m)*
ball valve; spherical valve	Kugelventil *(n)*
banded structure [material]	zeiliges Gefüge *(n)* [Werkstoff]

banding

banding [tank]	Abweichung *(f)* von der Zylinderform [senkrecht gemessen bei Tanken]
banding clip [tube bundle]	Bindeklammer *(f)* [Rohrbündel]
banjo; adjustable fitting	richtungseinstellbare Verschraubung *(f)*
bare electrode	nackte Elektrode *(f)*
bare tube	unberipptes Rohr *(n)*; glattes Rohr *(n)* [Wärmeaustauscher]
bare-tube heat exchanger	Glattrohr-Wärmeaustauscher *(m)*; Wärmeaustauscher *(m)* mit unberippten Rohren
barrelling	parabolisches Ausbeulen *(n)*; Aufbauchen *(n)* [eines gestauchten Zylinders mit unverschieblichen Enden; radiale Aufweitung]
bar stay	Rundanker *(m)*
base	Grundplatte *(f)*; Fußplatte *(f)*; Sockel *(m)*
base dimension	Fußplattenmaß *(n)*
base face	Fußplattenfläche *(f)*
base metal [US]; parent metal [UK]	Grundwerkstoff *(m)*
base tee	T-Stück *(n)* mit Fußplatte
basic calibration	Justierung *(f)*; Eichung *(f)*
basic calibration block [ultras.]	Eichkörper *(m)* [US-Prüfung]
basic calibration block indentification [ultras.]	Eichkörper-Bezeichnung *(f)* [US-Prüfung]
basic electrode	kalkbasische Elektrode *(f)*
basic material	Ausgangswerkstoff *(m)*
basic reflector [ultras.]	Justierreflektor *(m)* [US-Prüfung]
batch	Los *(n)* [Fertigungseinheit]
batcher; batching plug	Trennpfropfen *(m)*
batching pig; separation pig	Trennmolch *(m)*; Chargen-Trennmolch *(m)*
Battelle drop weight tear test; BDWTT	Fallgewichtsversuch *(m)* [Battelle]
bat wing	Palisades-Abstandshalter *(m)*
bead [welding]	Schweißraupe *(f)*; Raupe *(f)*
bead size	Schweißraupen-Volumen *(n)*
beam; girder [gen.]	Balken *(m)*; Träger *(m)*; Walzprofilträger *(m)* [allg.]
beam [ultras.]	Schallstrahl *(m)* [US-Prüfung]
beam angle [ultras.]	Schallwinkel *(m)* [US-Prüfung]
beam axis of sound [ultras.]	Schallstrahlenachse *(f)* [US-Prüfung]
beam index [ultras.]	Schalleintritt *(m)* [US-Prüfung]
beam-on-elastic foundation analysis	Analyse *(f)* über elastisch gebettete Balken
beam spread angle; angle of beam spread [ultras.]	Öffnungswinkel *(m)* des Schallstrahlenbündels; Divergenz *(f)* [US-Prüfung]
beam theory	Balkentheorie *(f)*
bearing attachment	tragendes Anbauteil *(n)*
bearing load	Auflagerbelastung *(f)*
bearing of hole	Lochleibung *(f)*
bearing pile [tank]	Stützpfahl *(m)* [Tankbau]
bearing plate [tank]	Tragplatte *(f)* [Tankbau]
bearing pressure	Auflagerdruck *(m)* [Flächenpressung]; Lochleibungsdruck *(m)*
bearing stress	Auflagerspannung *(f)*; Lochrandspannung *(f)*
bearing surface [bolting]	Auflagefläche *(f)* [Verschraubung]

best-fit curve

bearing-type fixture	Tragelement *(n)*
bearing-type shear connection	Scher-/Lochleibungsverbindung *(f)*
bearing value	Flächenpressungswert *(m)*
begin of life	Ausgangszustand *(m)* hoher Belastbarkeit
bell-and-spigot fitting	Muffenverbindung *(f)*
bell-and-spigot piping	Rohrleitungen *(f, pl)* mit Muffenkelch
bell-and-spigot type joint	Verbindung *(f)* mit Muffenkelch
belled joint	Aufweitung *(f)* [die geschweißten Teile sind im Schweißnahtbereich aufgeweitet]
belled pipe	aufgeweitetes Rohr *(n)*
bell-end pipe	Rohr *(n)* mit Muffenende
bellhole welding, pit ...	Kopflochschweißen *(n)*
belling	Aufweiten *(n)*
bell-joint clamp	Muffenverbindungsklammer *(f)*
bell-mouthing	trichterförmige Aufweitung *(f)*
bellows [expansion joint]	Faltenbalg *(m)*; Ausgleichselement *(n)* Balg *(m)* [Kompensator]
bellows axial elastic spring rate	Axialfederkonstante *(f)* einer Balgwelle
bellows configuration	Balgausführung *(f)*
bellows spring force	Federkraft *(f)* des Balges
bell-welded	mit der Schweißglocke *(f)* geschweißt
below-grade enclosure	Unterflur-Einschluß *(m)*
bend; elbow [pipe/tube]	Krümmer *(m)*; Rohrbogen *(m)*; Rohrkrümmer *(m)*
bend, offset ...	Etagenkrümmer *(m)*
bending moment	Biegemoment *(n)*
bending radius	Biegehalbmesser *(m)*; Biegeradius *(m)*
bending strain	Biegeverformung *(f)*
bending strength [gen.]	Biegefestigkeit *(f)* [allg.]
bending stress	Biegespannung *(f)*
bending stress concentration factor	Biegespannungsformzahl *(f)*
bending stress correction factor	Korrekturfaktor *(m)* für die Biegespannung
bend loss	Krümmungsverlust *(m)*
bend spacing	Krümmungsabstand *(m)*
bend specimen	Biegeprobe *(f)*
bend specimen, three-point ...	Dreipunkt-Biegeprobe *(f)*
bend surface	Krümmungsoberfläche *(f)*
bend tangent	Krümmungsanfang *(f)*
bend test	Biegeversuch *(m)*
bend test, face-side ...	Biegeversuch *(m)* mit der Raupe im Zug
bend test, first surface ...	Biegeversuch *(m)* mit der ersten Oberfläche im Zug
bend test, root ...	Biegeversuch *(m)* mit der Wurzel im Zug
bend test, second surface ...	Biegeversuch *(m)* mit der zweiten Oberfläche im Zug
bend thinning allowance	Dickenabnahmetoleranz *(f)* beim Biegen
best-fit curve	Best-Fit-Kurve *(f)*; Ausgleichskurve *(f)* nach der Methode der kleinsten Quadrate der Abweichungen [d. h. die logarithmische Kurve, die sich den dem Werkstoff zugrundegelegten Ermüdungsversuchen nach der Methode der kleinsten Quadrate der Abweichungen anpaßt]

biaxial state of stress

biaxial state of stress	zweiachsiger Spannungszustand *(m)*
bifurcated tube	Gabelrohr *(n)*
bifurcation	Rohrgabelung *(f)*
bifurcation buckling	verzweigtes Beulen *(n)*
binding [pipeline]	Festfressen *(n)*; Blockierung *(f)* [Rohrleitung]
binding, air or gas ...	Stauung *(f)* von Luft oder Gas
blanked dummy nozzle	verschlossener Freistutzen *(m)*; Blindstutzen *(m)*
blank head; unpierced head; plain head [US]; unpierced end; plain end [UK]	Vollboden *(m)*; Boden *(m)* ohne Ausschnitte; ungelochter Boden *(m)*
blanking disk; blind	Steckscheibe *(f)*; Steckschieber *(m)* [siehe: „blind"]
bleedback	Nachdurchschlagen *(n)* von Eindringmittel
bleeder; bleeder hole; bleeder port; air bleeder; vent; vent port	Entlüftung *(f)*; Entlüfter *(m)*; Entlüftungsbohrung *(f)*; Entlüftungsöffnung *(f)*
bleed gas; flush gas; purge gas	Spülgas *(n)*
bleeding valve; venting valve	Entlüftungsventil *(n)*
bleed-off valve; relief valve	Überströmventil *(n)*; Ablaßventil *(n)*; Entlastungsventil *(n)*
bleedout [penetrant testing]	Durchschlagen *(n)* [Eindringmittelprüfung]
bleedout profusely [v]	breitflächig durchschlagen; breitflächig durchfärben [V]
bleed throttle; exhaust throttle	Entlüftungsdrossel *(f)*
bleed-type valve; bleed-operated valve; bleed-piloted valve	entlüftungsgesteuertes Ventil *(n)*
blemishes *(pl)* [radiog.]	Fehler *(m, pl)*; Flecken *(m, pl)* [bei Durchstrahlungsaufnahmen]
blind; blanking disk	Steckscheibe *(f)*; Steckschieber *(m)* [zum Abtrennen von Rohrteilen bei der Wasserdruckprüfung]
blister	Gußblase *(f)*; Ausbeulung *(f)* [Erhebung auf der Rohroberfläche]
blockage-induced flow maldistribution	sperrinduzierte falsche Strömungsverteilung *(f)*
block brazing	Blocklöten *(n)*
block curvature [ultras.]	Eichkörperkrümmung *(f)* [US-Prüfung]
blocked centre valve, directional ...	Ventil *(n)* mit gesperrtem Durchfluß; Ventil *(n)* mit Sperrstellung [Wegeventil]
blocked-in portion [pipe]	abgeblockter Teil *(m)* [Rohrleitung]
block end [ultras.]	Kontrollkörper-Stirnfläche *(f)* [US-Prüfung]
blocking ring	Abschlußring *(m)*
blow-down tank	Entspannungsbehälter *(m)*; Entspanner *(m)*
blowhole	Lunker *(m)*
blown gasket	blasige Dichtung *(f)*
blow-out disk; rupture disk; bursting disk	Berstscheibe *(f)*; Berstmembran *(f)*; Platzscheibe *(f)*; Reißscheibe *(f)*
bluff body	strömungstechnisch ungünstiges Profil *(n)*
blunting	Abstumpfung *(f)* der Rißlinie
blunting line	Abstumpfungslinie *(f)*; Rißabstumpfungsgerade *(f)*; Rißabstumpfungslinie *(f)*

body of stay	Ankerschaft *(m)*
body seat ring	Anschlagleiste *(f)* [Abdichtung bei Absperrklappe]
body stop; stopper	Anschlag *(m)* [Begrenzung bei Absperrklappe]
boiling heat transfer	Wärmeübergang *(m)* beim Sieden
boil-off rate	Ausdampfmenge *(f)* [Ausdampfung bei der tiefkalten Lagerung von verflüssigten Gasen infolge äußerer Wärmeeinwirkung auf den Behälter]
boilover [tank]	Überkochen *(n)*; Boilover *(m)* [bei Tankbränden bilden Flüssigkeiten mit weitem Siedebereich wie z. B. Rohöle, schwere und mittelschwere Heizöle durch fraktionierte Verdampfung ihrer Einzelkomponenten eine Wärmezone. Diese Wärmezone mit Temperaturen von 150° –200° C wandert mit einer bestimmten Geschwindigkeit durch die Flüssigkeit in Richtung Tankboden. Erreicht die Wärmezone den Tankboden und befindet sich dort eine bestimmte Wassermenge in Form von „Linsen" oder „Schichten", wie z. B. in Rohöl-Lagertanks, dann kommt es zu einer plötzlichen Verdampfung, und der Tank „kocht" über („boilover"), d. h. große Mengen brennender Flüssigkeit („running fire") werden heftig und plötzlich aus den Tank geworfen. Das Boilover-Phänomen kann noch nach mehreren Brandstunden einsetzen und entwickelt sich unter anderen aus dem „slopover" (kurzzeitiges Überschwappen) und dem „frothover" (kontinuierliches Überschäumen relativ kleiner Flüssigkeitsmengen)]
bollarding	parabolisches Einbeulen *(n)* [eines gestauchten Zylinders mit unverschieblichen Enden; parabolische Einziehung]
bolt	Schraube *(f)*; Bolzen *(m)*
bolt and gasket flush manway [tank]	Mannloch *(n)*, verschraubtes und abgedichtetes eingelassenes ... [Tank]
bolt circle	Schraubenlochkreis *(m)*; Lochkreis *(m)*
bolt circle diameter; pitch-circle diameter; PCD	Lochkreisdurchmesser *(m)*
bolt design stress	Schrauben-Berechnungsspannung *(f)*
bolted bonnet valve	geschraubtes Aufsatzventil *(n)*
bolted flange	verschraubter Flansch *(m)*
bolted flange connection	verschraubte Flanschverbindung *(f)*
bolt elongation	Schraubendehnung *(f)*
bolt hole	Schraubenloch *(n)*; Schraubenbohrung *(f)*
bolt hole aspect ratio	Schraubenlochaspektverhältnis *(n)*
bolt hole clearance	Gewindeluft *(f)*

bolt hole spacing

bolt hole spacing; bolt pitch	Schraubenlochteilung *(f)*
bolting pressure	Schraubendruck *(m)*
bolting torque	Schraubenanzugsmoment *(n)*; Anzugsmoment *(n)* der Schraube
bolting-up condition	Schraubenkraft *(f)* im Einbauzustand
bolt load	Schraubenkraft *(f)*
bolt load, flange design . . .	berechnete Schraubenkraft *(f)* der Flanschverbindung
bolt pitch; bolt hole spacing	Schraubenlochteilung *(f)*
bolt pitch correction factor	Sehnungsfaktor *(m)*; Korrekturfaktor *(m)* für die Schraubenlochteilung
bolt retainer	Schraubenhalter *(m)*
bolt stress, operating . . .	Schraubenkraft *(f)* im Betriebszustand
bond and clad flaw indications	Anzeigen *(f, pl)* von Bindungsfehlern und Fehlern im Auflagewerkstoff
bonded flux [welding]	gesintertes Schweißpulver *(n)* [UP-Schweißen]
bonded joint; adhesive (bonded) joint	Klebeverbindung *(f)*; klebebondierte Verbindung *(f)*
bonding procedure specification; BPS	Klebeverfahrensspezifikation *(f)*
bonding shunt [tank]	Potentialausgleichsschiene *(f)* [Kontaktschiene; Tank]
bonding strength	Haftfestigkeit *(f)*
bonnet [valve]	Aufsatz *(m)*; Gehäuseoberteil *(n)*; Bügeldeckel *(m)* [Ventil]
bonnet closure	Oberteilverschluß *(m)*
bonnet flange	Deckelflansch *(m)* [Ventil]
bonnet gasket	Deckeldichtung *(f)* [Ventil]
bonnet type rear head	haubenförmiger rückwärtiger Boden *(m)* [Wärmeaustauscher]
bonnet type stationary head	fester Haubenboden *(m)* [Wärmeaustauscher]
bonnet valve	Aufsatzventil *(n)*
bottom chord	Untergurt *(m)* [Stahlbau]
bottom corner weld	Bodenecknaht *(f)*
bottom echo; back wall echo [ultras.]	Rückwandecho *(n)* [US-Prüfung]
bottom of the thread	Gewindekern *(m)*
boundary element method	Singularitätenmethode *(f)*; Randelementmethode *(f)*
boundary layer swirling flow	Grenzschichtwirbelströmung *(f)*
boundary line; fusion line [welding]	Schmelzgrenze *(f)*; Verschmelzungslinie *(f)*; Schmelzlinie *(f)* [mit dem Grundwerkstoff; Schweißen]
boundary row	Randreihe *(f)*; äußere Rohrreihe *(f)* [des Rohrbündels in Wärmeaustauschern]
BPS; bonding procedure specification	Klebeverfahrensspezifikation *(f)*
bracing	Verspannung *(f)*
bracket plate	Konsolenblech *(n)*
bracket with spring cushion	Federkonsole *(f)* [Aufhängung]
branch	Rohrabzweig *(m)*; Rohrabzweigung *(f)*
branch connection	Abzweiganschluß *(m)*
branched segment	Abzweigsegment *(n)*

branching cracks *(pl)*	verästelte Risse *(m, pl)* [im Schweißgut, in der WEZ, im Grundwerkstoff]
braze welding	Fugenlöten *(n)*
brazing operator	Maschinenhartlöter *(m)*
breaking load	Bruchbelastung *(f)* [Biegeprobe]
breaking pin	Bruchbolzen *(m)*
breaking pin device	Bruchbolzensicherung *(f)*
breaking pin housing	Bruchbolzengehäuse *(n)*
breaking pin non-reclosing pressure relief device	bruchbolzengesicherte nicht wiederschließende Druckentlastungseinrichtung *(f)*
breather	Entlüftungsvorrichtung *(f)* [Rohrleitung]
breather hole	Belüftungsöffnung *(f)*; Entlüftungsöffnung *(f)*
breather roof; breathing roof; lifting roof	atmosphärisches Dach *(n)*; Atemdach *(n)*
breather roof tank	Atemdachbehälter *(m)*; Atemdachtank *(m)*
breeches pipe	Gabelrohr *(n)* [Rohrleitung]
bridge piece [welding]	Heftstück *(n)* [beim Schweißen]
Brinell hardness test(ing); ball hardness test(ing)	Brinell-Härteprüfung *(f)*; Kugeldruckprobe *(f)*; Kugeldruckhärteprüfung *(f)*
brittle coating	Reißlackanstrich *(m)*
brittle crack; ductility-dip crack	Sprödriß *(m)* [entsteht, während der Werkstoff ein temperaturabhängiges Zähigkeitsminium durchläuft]
brittle fracture	Sprödbruch *(m)*
brittle lacquer; brittle varnish	Reißlack *(m)*
bubble cap	Bodenglocke *(f)* [Kolonne]
bubble chamber	Blasenkammer *(f)*
bubble flow; bubbly flow	Blasenströmung *(f)*
bubble formation; blistering	Blasenbildung *(f)*
bubble solution [leak test]	blasenbildende Lösung *(f)* [Dichtheitsprüfung]
bubble test	Blasenprüfung *(f)*, Blasentest *(m)*; Blasendruckprüfung *(f)*; Leckprüfung *(f)* mittels blasenbildender Lösung
bubble tray	Glockenboden *(m)*
bubbly flow; bubble flow	Blasenströmung *(f)*
buckling	Ausknickung *(f)* [Rohr]
buckling	Beulen *(n)* [Schale]; Knicken *(f)* [Stab]
buckling length; unsupported length; effective length	Knicklänge *(f)*; Beullänge *(f)*
buckling load	Knicklast *(f)*; Beullast *(f)*
buckling pressure	Knickdruck *(m)*; Beuldruck *(m)*
buckling strength; buckling resistance	Knickfestigkeit *(f)*; Beulfestigkeit *(f)*
buffer, thermal . . .	Wärmesperre *(f)*
buffer layer	Übergangsgebiet *(n)* [Bindeglied zwischen Sprunggebiet und Knudsen-Gebiet; Wärmetechnik]
buffeting	Buffeting *(n)*; Flatterschwingungen *(f, pl)* [stochastische Turbulenzerscheinungen in der Anströmung eines schwingungsfähigen Systems, die durch Ablöseerscheinungen der Strömung von einem vorgelagerten

buildup

buildup [gen.]	Körper verursacht werden; fluidisch induzierte Schwingungen von Kreiszylindern] Ansammlung *(f)*; Aufbau *(m)*; Anhäufung *(f)* [allg.]
buildup of magnetic particles [magn. t.]	Ansammlung *(f)* von magnetischen Partikeln/Teilchen [Magnetpulverprüfung]
buildup of pressure; pressure buildup	Druckaufbau *(m)*
buildup of solids	Anhäufung *(f)* von festen Teilchen
buildup sequence [weld]	Lagenaufbau *(m)* [Schweißnaht]
built-in check valve; integral check valve	eingebautes Rückschlagventil *(n)*
built-up pad; pad	Blockflansch *(m)* [durchgesteckter Ring]
built-up welded [v]	auftragsgeschweißt [V]
bulging [tubesheet]	Aufbeulen *(n)* [Rohrboden]
bulk	Hauptmasse *(f)*; Hauptmenge *(f)*; Masse *(f)*; Kern *(m)*
bulk enthalpy	mittlere Enthalpie *(f)*
bulkhead [tank]	Schott *(n)* [Tank]
bulkhead branch tee; bulkhead side tee	T-Verschraubung *(f)* mit Schottzapfen; T-Schottverschraubung *(f)*
bulkhead connector; bulkhead fitting	Schottverschraubung *(f)*
bulkhead plate [tank]	Spundwand *(f)*; Schottblech *(n)* [Tank]
bulk liquid	Flüssigkeitskörper *(m)*
bulk modulus; bulk modulus of elasticity [fluids and gases]	Kompressionsmodul *(n)*; Elastizitätsmodul *(n)* [Flüssigkeiten und Gase]
bulk of steam flow	Kern *(m)* der Dampfströmung
bundled tubes	Rohrbündel *(n)* [als lose Rohre]
buoyancy compartment [tank]	Schwimmzelle *(f)* [Tank]
buried mains	erdverlegte Hauptleitung *(f)*
burn-in period; debugging period; shaking-out period	Anfangsperiode *(f)*; Anlaufperiode *(f)*; Frühfehlerperiode *(f)* [Lebensdauerbestimmung von Anlagenteilen]
burnout	Burnout *(m)* [bei hohen Heizflächenbelastungen kommt es zu einem Durchbrennen der Heizfläche; siehe auch „DNB"]
burn-through [weld imperfection]	Durchbrand *(m)* [durchgehendes Loch in oder neben der Schweißnaht; Nahtfehler]
burnt-through from one side [weld imperfection]	einseitig durchgeschmolzener Schweißpunkt *(m)* [Nahtfehler]
burnt-through weld [weld imperfection]	durchgeschmolzene Schweißnaht *(f)* [Nahtfehler]
bursting disk; rupture disk; blow-out disk	Berstscheibe *(f)*; Reißscheibe *(f)*; Berstmembran *(f)*; Platzscheibe *(f)*
bursting pressure	Berstdruck *(m)*
bursting tensile strength	Berstzugfestigkeit *(f)*
bushing type diaphragm	Durchführungsmembran *(f)*
butt	Stoß *(m)*
butt-and-wrapped joint	überlaminierte Stumpfstoßverbindung *(f)* [stumpfgestoßen und gewickelt]
butterfly valve	Drosselklappe *(f)* [Absperrklappe; Drehflügelausführung]
buttering [weld]	Puffern *(n)* [Schweißnaht]

butt girth weld [US]; circumferential butt weld	stumpfgeschweißte Rundnaht (f)
butt heat-fusion joint	Heizelementstumpfschweißverbindung (f)
butt joint; butt weld	Stumpf(schweiß)naht (f)
butt joint fitting	Stoßverschraubung (f)
butt joint forge welded [v]	stumpf hammergeschweißt [V]
buttressing	Abstützung (f)
buttress thread	Sägezahngewinde (n)
buttstrap	Lasche (f)
butt weld; butt joint	Stumpf(schweiß)naht (f)
butt welding elbow (short and long radius), 90° ...	Vorschweißwinkel (m) (kleiner und großer Radius), 90° ...
butt welding end	Anschweißende (n)
butt welding end valves	Ventil (n) mit Anschweißenden
butt welding reducer	Vorschweißreduzierstück (n)
butt welding return (long radius), 180° ...	Vorschweißbogen (m), 180° ... [mit großem Radius]
butt welding return (short radius), 180° ...	Vorschweißbogen (m), 180° ... [mit kleinem Radius]
by-pass [heat exchanger]	Nebenschluß (m); Umgehung (f); By-pass (m) [kann ein Rohrbündel im Wärmeaustauscher nicht mit so vielen Rohren versehen werden, daß das Mantelvolumen gleichmäßig damit ausgefüllt wird, so entstehen mehr oder weniger große rohrleere Räume. Dies führt zu Nebenanschlüssen im Strömungsraum außerhalb der Rohre und zu einer Beeinträchtigung des Wärmeübergangs]
by-passing	Nebenschlußbildung (f)
by-pass seal	Nebenschlußdichtung (f)
by-pass valve	Überströmventil (n); Ablaßventil (n)

C

calculated thickness	rechnerische Wanddicke *(f)*
calculation pressure [UK]; design pressure [US]	Berechnungsdruck *(m)*; Auslegungsdruck *(m)*
calibrated film strip [radiog.]	geeichter Filmstreifen *(m)* [Durchstrahlungsprüfung]
calibrated leak; reference leak; sensitivity calibrator; standard leak; test leak	Eichleck *(n)*; Testleck *(n)*; Vergleichsleck *(n)*; Bezugsleck *(n)*; Leck *(n)* bekannter Größe
calibrated master gauge	geeichtes Kontrollmanometer *(n)*
calibration block configuration [ultras.]	Eichkörper-Ausbildung *(f)* [US-Prüfung]
calibration reflector [ultras.]	Justierreflektor *(m)* [US-Prüfung]
capacity [gen.]	Leistungsfähigkeit *(f)*; Leistungsvermögen *(n)*; Kapazität *(f)*; Fassungsvermögen *(n)* [allg.]
capacity [tank]	Fassungsvermögen *(n)* [Tank]
capacity, (load) carrying . . .	Tragfähigkeit *(f)*
capacity certification test [valve]	Abblaseleistungs-Bescheinigungsprüfung *(f)*; Prüfung *(f)* zur Bescheinigung der Abblaseleistung
capacity certified valve	leistungsbescheinigtes Ventil *(n)*
capillary crack; hair-line crack	Haarriß *(m)*
capillary leak calibration standard [leak test]	Kapillareichnormal *(n)* [Dichtheitsprüfung]
capillary type halogen leakage standard [leak test]	Kapillarhalogeneichnormal *(n)* [Dichtheitsprüfung]
carry-over; entrainment [gen.]	Mitreißen *(n)* [allg.]
cartridge (insert) valve	Steckerventil *(n)*; Einbauventil *(n)*
cased seal	(ein)gefaßte Dichtung *(f)*
casing	Mantelrohr *(n)*
casting	Gußstück *(n)*; Gußteil *(n)*; gegossener Rohling *(m)*
casting process	Gußverfahren *(n)*
casting process, centrifugal . . .	Schleudergußverfahren *(n)*
casting (quality) factor	Guß-Gütefaktor *(m)*
cast integrally with [v]	angegossen [V]
cast iron	Gußeisen *(n)*
cast iron, ductile . . .	Gußeisen *(n)* mit Kugelgraphit; Kugelgraphit-Gußeisen *(n)*; sphärolitisches Gußeisen *(n)*
cast iron, gray . . .	Gußeisen *(n)* mit Lamellengraphit; Lamellengraphit-Gußeisen *(n)*
cast iron, grey . . .	Gußeisen *(n)* mit Lamellengraphit; Lamellengraphit-Gußeisen *(n)*
cast iron, lamellar graphite . . .	Gußeisen *(n)* mit Lamellengraphit; Lamellengraphit-Gußeisen *(n)*
cast iron, nodular graphite . . .	Gußeisen *(n)* mit Kugelgraphit; Kugelgraphit-Gußeisen *(n)*; sphärolitisches Gußeisen *(n)*
cast iron, spheroidal . . .	Gußeisen *(n)* mit Kugelgraphit; Kugelgraphit-Gußeisen *(n)*; sphärolitisches Gußeisen *(n)*
CAT; crack arrest temperature	Rißauffangtemperatur *(f)*
caulked bell and spigot joint	Stemmuffenverbindung *(f)*
caulked joint	Stemmverbindung *(f)*

chimney-finned tube

caulking	Verstemmen *(n)*
caustic embrittlement	interkristalline Spannungsrißkorrosion *(f)*; Laugenbrüchigkeit *(f)*
cavities *(pl)*	Gasblasen *(f, pl)*; Lunker *(m, pl)*; Hohlräume *(m, pl)*
CCP specimen; centre cracked panel specimen	mittig gekerbte Flachzugprobe *(f)*
centralized valve group	zusammengefaßte Ventilstation *(f)*
centre by-pass valve, directional ...	Ventil *(n)* mit freiem Durchfluß *(f)* [Wegeventil]
centre-cracked panel specimen; CCP specimen	mittig gekerbte Flachzugprobe *(f)*
centreline rotation	Verdrehung *(f)* der Mittellinie
centre region [of flat head]	Bereich *(f)* der Rotationsachse [eines ebenen Bodens]
centrifugal casting	Schleuderguß *(m)*
CERT; constant extension rate test	Prüfung *(f)* auf einsinnig steigende Dehnung [Grenzfall; Untersuchungsverfahren der Belastung von Zugproben mit konstanter Dehnungsgeschwindigkeit]
CFE; controlled flash evaporation	kontrollierte Entspannungsverdampfung *(f)*
chamber, pressure ...	Druckraum *(m)*
chamber test; hood pressure test	Hüllentest *(m)*; Haubenlecksuchverfahren *(n)*; Haubenleckprüfung *(f)*
chamfer	Abfasung *(f)*; Schrägkante *(f)*
chamfer cone	Fasenkegel *(m)*
change in section	Querschnittsübergang *(m)*
channel [gen.]	Kanal [allg.]
channel [heat exchanger]	Vorkammer *(f)* [Wärmetauscher]
channel box [heat exchanger]	Umgehungskanal *(m)* [Wärmeaustauscher]
channel cover [heat exchanger]	Vorkammerdeckel *(m)* [Wärmeaustauscher]
channel shell [heat exchanger]	Vorkammermantel *(m)* [Wärmeaustauscher]
character of fracture; appearance of fracture; fracture appearance	Bruchaussehen *(n)*
charge (with pressure); pressurize; expose to pressure [v]	druckbeaufschlagen; beaufschlagen mit Druck [V]
Charpy V-notch	Charpy-Spitzkerbe *(f)*
chatter marks *(pl)* [surface defect]	Rattermarken *(f, pl)* [Oberflächenfehler]
check; examination; test(ing); inspection	Prüfung *(f)*
check valve; non-return valve	Rückströmsicherung *(f)*; Rückschlagventil *(n)*; Rückschlagklappe *(f)*
chevron pattern; herringbone configuration	Fischgrätenmuster *(n)*; pfeilförmiges Muster *(n)* [Muster in Platten von Plattenwärmeaustauschern]
chevron-type plate heat exchanger; herringbone-type plate heat exchanger	Plattenwärmeaustauscher *(n)* mit Platten mit pfeilförmigem Muster [Fischgrätenmuster]
CHF; critical heat flux; DNB heat flux	kritische Wärmestromdichte *(f)*
chills *(pl)*	harte Stellen *(f, pl)* im Guß
chimney-finned tube [heat exchanger]	horizontales Rohr *(n)* mit quadratischen bzw. rechteckigen Rippen (mit Kaminschächten

19

chip(ping) mark

	zwischen den Rippen) [Wärmetauscherrohr]
chip(ping) mark; tool mark; [weld imperfection]	Meißelkerbe *(f)*; abgemeißelte Defektstelle *(f)* [örtlich beschädigte Oberfläche durch unsachgemäßes Meißeln, z. B. beim Entfernen der Schlacke; Nahtfehler]
choke block	Drosselplatte *(f)*
choked flow	blockierte Strömung *(f)*
choke length; throttling length; restrictive length	Drossellänge *(f)* [Ventil]
chord girder [tank]	Bindergurt *(m)* [Tank]
circular disk reflector [ultras.]	kreisscheibenförmiger Reflektor *(m)* [US-Prüfung]
circular magnetization technique [magn. t.]	Zirkularmagnetisierungstechnik *(f)* [Magnetpulverprüfung]
circumferential butt weld [UK]; butt girth weld [US]	stumpfgeschweißte Rundnaht *(f)*
circumferentially finned tube	Rohr *(n)* mit runden Rippen; Rundrippenrohr *(n)*
circumferential pitch	Umfangsteilung *(f)*
circumferential stairways *(pl)* [tank]	angewendete Treppen *(f, pl)* [Tank]
circumferential stress; hoop stress	Umfangsspannung *(f)*
circumferential through-crack	durchgehender Umfangsriß *(m)*
circumferential weld [UK]; girth weld [US]	Umfangsschweißung *(f)*; Umfangsnaht *(f)*; Rundnaht *(f)*
circumferential yielding	Fließen *(n)* in Umfangsrichtung
clad brazing sheet	Hartlötplattierungsblech *(n)*
cladding deposited by welding	Schweißplattierung *(f)*
clad interface	Plattierungszwischenfläche *(f)*
clad tubesheet	plattierter Rohrboden *(m)*
clamping ring coupling	Keilringverschraubung *(f)*
cleanout; access eye	Reinigungsöffnung *(f)*
cleanout fitting [tank]	Reinigungsarmatur *(f)* [Tank]
cleavage fracture	Trennbruch *(m)*; Spaltbruch *(m)*
clip gauge	Dehnungsaufnehmer *(m)*; Rißöffnungsmeßgerät *(n)*
clogging; plugging [pipe]	Verstopfen *(n)* [Rohrleitung]
close butted [v]	stumpfgestoßen [V] ohne Stegabstand
close coiling [tube]	eng gebogene Rohrschlange *(f)*
close coiling [operation]	Engwickeln *(n)* [als Vorgang]
closed-top compartment [tank]	geschlossene Zelle *(f)* [Tank]
closed-top tank	geschlossener Tank *(m)*
close tube pitch	dichte Rohrteilung *(f)*
closing characteristics *(pl)*	Schließverhalten *(n)*
closing pressure	Schließdruck *(m)*
closing pressure surge; closing shock; shutoff stroke	Schließdruckstoß *(m)*; Schließschlag *(m)*
closing time	Schließzeit *(f)*
closure device	Abschlußvorrichtung *(f)*
closure weld	Schlußnaht *(f)*; Decknaht *(f)*
clustered porosity; cluster of pores; localized porosity [weld imperfection]	Porennest *(n)* [örtlich gehäufte Poren; Nahtfehler]

clustered slag inclusion [weld imperfection]	Schlackennest *(n)* [örtlich gehäufte Einlagerung im Schweißgut; Nahtfehler]
coalescence	Verschmelzen *(n)*
coarse grained zone	Grobkornzone *(f)*
coarse ripples *(pl)* [weld imperfection]	Querkerben *(f, pl)* in der Decklage [Nahtfehler]
coarse slag inclusion	grober Schlackeneinschluß *(m)*
coarse-thread series	Grobgewindereihe *(f)*
cocurrent flow; coflow; parallel flow	Gleichstrom *(m)*; parallele Strömung *(f)*
COD; crack opening displacement	Rißöffnungsverschiebung *(f)*; Rißöffnungsverdrängung *(f)*; Rißuferverschiebung *(f)*
code case [US]; enquiry case [UK]	Auslegungsfall *(m)*
coefficient of discharge [valve]	Ausflußziffer *(f)* [Ventil]
coefficient of performance; COP	Leistungsziffer *(f)* [z. B. eines Verdunstungskühlers]
coefficient of thermal conductance	Wärmedurchlaßzahl *(f)*
coefficient of thermal conductivity	Wärmeleitfähigkeit *(f)*
coefficient of thermal expansion	Wärmedehnzahl *(f)*
coflow; cocurrent flow; parallel flow	Gleichstrom *(m)*; parallele Strömung *(f)*
coiled skelp	aufgeschnittener Blechstreifen *(m)* [zur Rohrherstellung]
coiled tube	Spiralrohr *(n)*
cold-cathode ionisation gauge; Philips ionisation gauge	Kaltkathoden-Vakuummeter *(n)*; Philips-Vakuummeter *(n)*
cold crack	Kaltriß *(m)* [entsteht im festen Zustand des Werkstoffs durch Überschreiten seines Formänderungsvermögens]
cold crushing strength	Kaltdruckfestigkeit *(f)*
cold expansion	Kaltdehnung *(f)*
cold finished [v]	kaltgefertigt [V]
cold forming; cold working	Kaltumformung *(f)*
cold pull (up); cold springing	Kaltvorspannung *(f)*; Vorspannung *(f)* im kalten Zustand
cold shearing	Kaltscheren *(n)*
cold shortness	Kaltbrüchigkeit *(f)*
cold shut	Kaltschweißstelle *(f)*
cold-spring factor	Kalt-Vorspannfaktor *(m)*
cold springing; cold pull (up)	Vorspannung *(f)* im kalten Zustand; Kaltvorspannung *(f)*
cold weld	Kaltschweißung *(f)*
cold working; cold forming	Kaltumformung *(f)*
collapse	Versagen *(n)*
collapse load	Grenzlast *(f)* [bei der Tragfähigkeitsanlayse]
collapse load, lower bound ...	untere Grenzlast *(f)* [untere Eingrenzung der Grenzlast bei der Tragfähigkeitsanalyse]
collapse load, ultimate ...	Traglastgrenze *(f)* [Tragfähigkeitsanalyse]
collapse load, upper bound ...	obere Grenzlast *(f)* [obere Eingrenzung der Grenzlast bei der Tragfähigkeitsanalyse]
collapse pressure	Versagensdruck *(m)*
collar [expansion joint]	Bordring *(m)*; Balgbordring *(m)* [eines Kompensators]

colour contrast penetrant

colour contrast penetrant [penetrant testing]	Farbkontrasteindringmittel *(n)* [Eindringmittelprüfung]
column [gen.]	Stütze *(f)*; Kolonne *(f)*; Säule *(f)*; Gestell *(n)* [allg.]
columnar grain	Stengelkorn *(n)*
columnar structure	stengeliges Gefüge *(n)*
column hinged at both ends; hinged column	Pendelstütze *(f)*
column stability	Säulenstabilität *(f)*
column support	Stützsäule *(f)*
combination sliding and rotary spool valve	Längsdrehschieber *(m)*; Drehlängsschieber *(m)*
combined circumferential stress	Überlagerungsspannung *(f)* über den Umfang
combined loading	Beanspruchungskombinationen *(f, pl)*; überlagerte Beanspruchungen *(f, pl)*
combined seal	Metall-Weichstoffdichtung *(f)*
combined stop and check valve	kombiniertes Absperr- und Rückschlagventil *(n)*
combined stress intensity	kombinierte Vergleichsspannung *(f)*
commencement of curvature	Krümmungsanfang *(m)*
communicating chambers *(pl)*	kommunizierende Druckräume *(m, pl)*
compact heat exchanger	Kompaktwärmeaustauscher *(m)*
compact tension specimen; CT specimen	Kompaktzuprobe *(f)*
companion dimensions *(pl)*	Anschlußgrößen *(f, pl)*
compensated relief valve; balanced relief valve; pressure-balanced valve; pressure-compensated valve	druckentlastetes Druckbegrenzungsventil *(n)*; druckentlastetes Ventil *(n)*; ausgeglichenes Ventil *(n)*
compensating area	Ausgleichsfläche *(f)*
compensating flange [UK]	Ausgleichsbördelung *(f)*
compensating plate	scheibenförmige Verstärkung *(f)*; Verstärkungsblech *(n)*
compensation stub	Verstärkungsnippel *(m)*
completed bend	fertiger Rohrbogen *(m)* [nach dem Biegen]
complete fusion [welding]	vollständige Bindung *(f)* [Schweißen]
compliance	Nachgiebigkeit *(f)*; Federung *(f)*
compliance [fracture mechanics]	Compliance *(f)*; elastische Nachgiebigkeit *(f)* [Bruchmechanik]
composite electrode	Verbundelektrode *(f)*
composite materials *(pl)*	Werkstoffkombination *(f)*
composite sections *(pl)*	Querschnittskombination *(f)*
composite tubing	Mehrfachrohr *(n)* [mehrere Rohre ineinandergesteckt]; Mehrschichtrohr *(n)*
composite viewing of double film exposures [radiog.]	Doppelfilmbetrachtung *(f)* [Durchstrahlungsprüfung]
compound welds *(pl)* [butt and fillet weld]	Verbundnähte *(f, pl)* [Kehl- und Stumpfnaht]
compression coupling	Klemmkupplung *(f)*
compression factor [gasket]	Pressungsfaktor *(m)* [Dichtung]
compression flange [tank]	Druckgurt *(m)* [Tank]
compression member, main... [tank]	Hauptdruckstab *(m)* [Tank]
compression seal; crush seal; gasket seal	Preßdichtung *(f)*
compression-tension fatigue strength	Zug-Druck-Wechselfestigkeit *(f)*

constriction resistance

compression type fitting; compression type mechanical joint	Schneidringverschraubung *(f)* [bei Rohrleitungen, insbes. bei Kunststoffrohrleitungen]
compressive bending stress	Druckbiegespannung *(f)*; negative Biegespannung *(f)* [Druck]
compressive stress	Druckspannung *(f)*
concave fillet weld	Hohl-Kehlnaht *(f)*
concave unequal leg fillet weld	ungleichschenklige Hohlkehlnaht *(f)*
concentrated external overturning moment	punktförmiges äußeres Kippmoment *(n)*
concentrated external torsional moment	punktförmiges äußeres Torsionsmoment *(n)*
concentrated load	Einzellast *(f)*
concentrated radial load	punktförmige Radialbelastung *(f)*
concentric finned tube	konzentrisch (innen und außen) beripptes Rohr *(n)* [mit unterbrochenen Längsrippen]
concrete ringwall [tank]	Betonringwand *(f)* [Tank]
conduction of heat; heat conduction	Wärmeleitung *(f)*
conductive heat transfer; heat transfer by conduction	Wärmeübergang *(m)* durch Leitung
cone-type roof [tank]	Kegeldach *(n)* [Tank]
confidence level	Vertrauensgrad *(m)*
confidence lines *(pl)* [tensile test]	Streubänder *(n, pl)*; Vertrauensgrenzen *(f, pl)* [bei Zugversuchen z. B. Streckgrenze]
confined gasketed joint	eingeschlossene Dichtungsverbindung *(f)*
confined joint construction	eingeschlossene Dichtfläche *(f)*
confinement-controlled seal	Dichtung *(f)* mit Anzugsbegrenzung
conical closure	Kegelverschluß *(m)* [ohne Übergangskrempe]
conical head [US]; conical end [UK] [no transition to knuckle]	Kegelboden *(m)* [ohne Übergangskrempe]
connection size [bolting]	Anschlußmaß *(n)* [für Verschraubungen]
consecutive cones *(pl)*	aneinandergrenzende Kegel *(m, pl)*
conservative results *(pl)*	Ergebnisse *(n, pl)*, auf der sicheren Seite liegende ...
consistent deformation	bleibende Verformung *(f)*
constant deformation range	konstante Verformungsschwingbreite *(f)*
constant extension rate test; CERT	Prüfung *(f)* auf einsinnig steigende Dehnung *(f)* [Grenzfall; Untersuchungsverfahren der Belastung von Zugproben mit konstanter Dehnungsgeschwindigkeit]
constant strain rate	konstante Dehnungsgeschwindigkeit *(f)*
constant (support) hanger	Konstanthänger *(m)*
constraint	Zwängung *(f)* [Behinderung]; Verformungsbehinderung *(f)*
constraint [fracture mechanics]	Dehnungsbehinderung *(f)* [an der Rißspitze, im Spannungszustand; Bruchmechanik]
constraint factor	Fließbehinderungsfaktor *(m)*
constriction at the outlet	Einschnürung *(f)* am Austritt
constriction resistance	Einschnürwiderstand *(m)* [Wärmeübertragung bei Tropfenkondensation]

construction

construction	Bauausführung *(f)*
construction permit and operating licence	Bau- und Betriebsgenehmigung *(f)*
consumable guide electroslag welding	Elektroschlacke-Schweißen *(n)* mit abschmelzender Führung
contact burn [weld]	Einbrandstelle *(f)* [Naht]
contact-type seal	Berührungsdichtung *(f)*
contained yielding	teilplastisches Fließen *(n)* [Grenzrißöffnung, bei deren Erreichen eine Probe vollständig plastifiziert ist, d. h. die Probe bricht vor Erreichen der Fließgrenze im gekerbten Querschnitt; Bruchmechanik]
continued fitness for service	fortgesetzte Betriebstauglichkeit *(f)*
continued fitness-for-service review	Überprüfung *(f)* der fortgesetzten Betriebstauglichkeit
continuing surveillance	laufende Überwachung *(f)*
continuous covered electrode arc welding	Netzmantel-Lichtbogenverfahren *(n)*
continuous drive friction welding	Reibschweißen *(n)* mit permanentem Antrieb
continuous electrode	endlose Elektrode *(f)*
continuous fin [heat exchanger]	durchgehende Rippe *(f)* [Wärmeaustauscher]
continuous partial jacket	durchgehende Teilummantelung *(f)*
continuous support	durchgehendes Auflager *(n)*
continuous undercut [weld imperfection]	durchlaufende Einbrandkerbe *(f)* [Nahtfehler]
continuous weld	durchlaufende Schweißnaht *(f)*
contour outlet fitting	Fitting *(n)* mit profiliertem Abgang
contributing to the reinforcement	mittragend [bei Verstärkungen]
controlled flash evaporation; CFE	kontrollierte Entspannungsverdampfung *(f)*
controlled-rolled plate	gesteuert gewalztes Blech *(n)*
control valve	Regelventil *(n)*
convection coefficient	konvektive Wärmeübergangszahl *(f)*
convective fin	konvektionsgekühlte Rippe *(f)*
convective heat transfer; heat transfer by convection	konvektive Wärmeübertragung *(f)*; Wärmeübertragung *(f)* durch Berührung; Wärmeübertragung *(f)* durch Konvektion
convex fillet weld	Wölbkehlnaht *(f)*
convex unequal leg fillet weld	ungleichschenklige Wölbkehlnaht *(f)*
convoluted cross-section [bellows]	Wellenquerschnitt *(m)* [Balgwelle]
convolution [bellows]	Welle *(f)* [Kompensatorbalg]
convolution crest	Wellenscheitel *(m)* [Balgwelle]
convolution depth	Wellentiefe *(f)* [Balgwelle]
convolution root	Wellental *(n)* [Balgwelle]
COP; coefficient of performance	Leistungsziffer *(f)* [z. B. eines Verdunstungskühlers]
coplanar surface defects *(pl)*	Oberflächenfehler *(m, pl)*, in der gleichen Ebene liegende ...
core hole	Kernloch *(n)* [Ergebnis einer Kernbohrung]
core of the valve	Ventileinsatz *(m)*
core refining; grain refinement heating	Kernrückfeinen *(n)* [kornverfeinernde Wärmebehandlung]
core wire diameter [welding]	Kerndrahtdurchmesser *(m)* [Schweißen]
corner radius, internal ...	innerer Krempenradius *(m)*

corner valve; angle valve	Ecksitzventil *(n)*; Schrägsitzventil *(n)*
corroded condition, in the ...	Korrosionabtrag *(m)*, nach ...
corrosion	Korrosion *(f)*
corrosion allowance	Korrosionszuschlag *(m)* [Wanddicke]
corrosion fatigue	Korrosionsermüdung *(f)*
corrosion protection coating; anti-corrosion coating	Korrosionsschutzanstrich *(m)*
corrosion rate	Korrosionsgeschwindigkeit *(f)*
corrosion risk	Korrosionsgefährdung *(f)*
corrosive action; corrosive attack	Korrosionsangriff *(m)*
corrugated bend	Wellrohrbogen *(m)*
corrugated expansion joint	Wellrohrdehnungsausgleicher *(m)*; Wellrohrkompensator *(m)*; Linsenausgleicher *(m)*
corrugated pipe	Faltenrohr *(n)*; Wellrohr *(n)*
corrugated slip sleeve	gewelltes äußeres Schutzrohr *(n)*
corrugated tube	Wellrohr *(n)*
counter flange; mating flange	Gegenflansch *(m)*
counterflow; countercurrent flow	Gegenstrom *(m)*
counterflow heat exchanger	Gegenstrom-Wärmeaustauscher *(m)*; Gegenströmer *(m)*
couplant [ultras.]	Kopplungsmittel *(n)* [US-Prüfung]
coupled [v] [tube]	kraftschlüssig verbunden [V] [Rohr]
coupler; female coupling half	Überwurf *(m)*; Kupplungshälfte *(f)*
coupling flange	Verbindungsflansch *(m)*
coupling type joint	Schraubmuffenverbindung *(f)*
coupon plate [UK]; production plate [US] [production control test]	Arbeitsprobe *(f)* [zwei Arbeitsproben (Bleche) werden zusammengeschweißt und bilden das Arbeitsprüfstück]
course; strake	Schuß *(m)* [Behälter]
cover cap	Abdeckkappe *(f)*
covered electrode	Mantelelektrode *(f)*; umhüllte Elektrode *(f)*
cover (plate)	Deckel *(m)*; Deckplatte *(f)*; Abdeckplatte *(f)*
cover plate closure	Abdeckplattenverschluß *(m)*
crack	Riß *(m)* [Fehlerart]
crack, penny-shaped ...	münzförmiger Riß *(m)*; Kreisriß *(m)*
crack arrester	Rißstopper *(m)*
crack arrest insert	Rißstopelement *(n)*; Rißauffangelement *(n)*
crack arrest strip	Rißstopsegment *(n)*; Rißstopstreifen *(m)*
crack arrest temperature; CAT	Rißauffangtemperatur *(f)*
crack arrest test	Rißauffangversuch *(m)*
crack arrest toughness	Rißauffangzähigkeit *(f)*
crack at the edge of the nugget	Riß *(m)* am Linsenrand [meist kommaförmig]
crack blunting	Rißabstumpfung *(f)*
cracked [v]	rißbehaftet [V]
crack front	Rißfront *(f)*
crack front curvature	Rißfrontkrümmung *(f)*
crack geometry	Rißgeometrie *(f)*
crack growth	Rißwachstum *(n)*
crack growth delay	Rißwachstrumsverzögerung *(f)*
cracking	Rißbildung *(f)*
crack initiation	Rißeinleitung *(f)*
crack instability	Rißinstabilität *(f)*

crack in the heat affected zone

crack in the heat affected zone; crack in the HAZ	Riß *(m)* in der Wärmeeinflußzone [WEZ]
crack in the joining plane	Riß *(m)* in der Verbindungsebene [zum Linsenrand gerichtet]
crack in the middle of the nugget	Riß *(m)* in Linsenmitte [vielfach sternförmig]
crack in the parent metal	Riß *(m)* im unbeeinflußten Grundwerkstoff
crack length	Rißlänge *(f)*
crack opening displacement; COD	Rißöffnungsverschiebung *(f)*; Rißöffnungsverdrängung *(f)*; Rißuferverschiebung *(f)*
crack pattern	Rißmuster *(n)*
crack propagation	Rißausbreitung *(f)*; Rißfortpflanzung *(f)*
crack propagation coefficient	Rißausbreitungskoeffizient *(m)*
crack resistance curve	Rißwiderstandskurve *(f)*
crack size	Rißgröße *(f)*
crack tip	Rißspitze *(f)*
crack tip opening angle; CTOA	Rißspitzenöffnungswinkel *(m)*
crack tip opening displacement; CTOD	Rißspitzenöffnungsverdrängung *(f)*; Rißspitzenaufweitung *(f)*; Rißspitzenöffnungsverschiebung *(f)*
crack toughness	Rißzähigkeit *(f)*
cradle, pipe ...	Rohrwiege *(f)*
cradle support	Lagerstuhl *(m)* [Behälterunterstützung]
crater crack [weld imperfection]	Endkrater-Riß *(m)* [Schweißnahtfehler, kann auftreten in Richtung der Naht, quer zur Naht, sternförmig]
crater pipe; solidification pipe [weld imperfection]	Endkraterlunker *(m)* [Schwingungshohlraum im Endkrater]
crazes *(pl)*	Pseudorisse *(m, pl)* [in Polymerwerkstoffen; flache linsenförmige Zonen]
crazing	Pseudorißbildung *(f)* [in Polymerwerkstoffen]
creased bend	Faltenrohrbogen *(m)*
creep	Kriechen *(n)* [Kriechen ist ein spezieller Fall der Inelastizität, der zu spannungsinduzierten, zeitabhängigen Verformungen unter Belastung führt. Nach Zurücknahme aller aufgebrachten Belastungen kann es noch zu kleinen unabhängigen Verformungen kommen] [Hinweis: Bei Zeitstandversuchen werden Werte für das Kriechen bis zum Bruch ermittelt, worin der Zeitfaktor eingeht. In diesem Fall wird „creep" bei Komposita mit „Zeitstand..." übersetzt]
creep and fatigue interactions *(pl)*	Wechselwirkung *(f)* von Kriechen und Ermüdung
creep characteristics *(pl)*	Kriechverhalten *(n)*
creep crack growth	Kriechrißwachstum *(n)*
creep curve	Zeitbruchlinie *(f)*; Kriechdehnungskurve *(f)*
creep damage	Zeitstandschäden *(m, pl)*; Versagen *(n)* durch Kriechen
creep deformation	Kriechverformung *(f)*
creep fatigue data *(pl)*	Zeitstandermüdungsdaten *(n, pl)*

creep life prediction	Lebensdauervoraussage *(f)* unter Kriechbelastung
creep limit	Kriechgrenze *(f)*
creep properties *(pl)*; stress rupture properties *(pl)*	Zeitstandeigenschaften *(f, pl)*; Zeitdehnverhalten *(n)*
creep range	Zeitstandbereich *(m)*
creep ratcheting	unterbrochenes Zeitstandkriechen *(n)*; Kriechratcheting *(n)*
creep rate	Kriechgeschwindigkeit *(f)*
creep resistance	Kriechfestigkeit *(f)*
creep (rupture) elongation	Zeitstandbruchdehnung *(f)*
creep rupture properties *(pl)*	Zeitstandverhalten *(n)*
creep rupture strength; stress rupture strength	Zeitstandfestigkeit *(f)*
creep rupture stress values *(pl)*	Zeitstandfestigkeitswerte *(m, pl)*
creep strain	Kriechdehnung *(f)*
creep strain limit	Zeitdehngrenze *(f)*
creep (stress) rupture test; stress/time-to-rupture test; creep test; stress rupture testing	Zeitstandbruchversuch *(m)*; Zeitstandversuch *(m)*
crevice corrosion	Spaltkorrosion *(f)*
crippling	Knicken *(n)* [von Längsversteifungen]
critical crack length	kritische Rißlänge *(f)*
critical defect size	kritische Fehlergröße *(f)*
critical heat flux; CHF; DNB heat flux	kritische Wärmestromdichte *(f)*
critical heat flux ratio; minimum DNBR; minimum ratio between DNB heat flux and local heat flux	Siedeabstand *(m)* [Siedegrenzwert]
critical strain	kritische Verformung *(f)*
cross break	Abrollknick *(m)* [Walzfehler]
cross breaking strength	Knickfestigkeit *(f)*
cross counterflow heat exchanger	Kreuzgegenstrom-Wärmeaustauscher *(m)*; Kreuzgegenströmer *(m)*
cross flow	Kreuzstrom *(m)*
cross-over area	Übergangsraum *(m)*
cross section flattening	Querschnittsverflachung *(f)*
crotch of a nozzle; nozzle crotch	Stutzengabelung *(f)*; Gabelung *(f)* eines Stutzens
crotch section [nozzle]	Verzweigungsquerschnitt *(m)* [Stutzengabelung]
crotch thickness [tee]	Wanddicke *(f)* in der Gabelung [T-Stück]
crown [gen.]	Scheitel *(m)*; Überhöhung *(f)* [allg.]
crown [of dished head or conical head]	Bereich *(m)* der Rotationsachse [eines gewölbten oder kegeligen Bodens]
crown [expansion joint]	Scheitel *(m)* [Wellrohrkompensator]
crown depth	Scheitelhöhe *(f)*
crown section, spherical ...	flachgewölbter Abschnitt *(m)* [Tellerboden]
cruciform joint	Doppel-T-Stoß *(m)* [Kreuzstoß]
crushing	Quetschen *(n)* [Dichtung]
crush seal; compression seal; gasket seal	Preßdichtung *(f)*
cryogenic fluid	Tiefsttemperaturmedium *(n)*
crystalline fracture	körniger Bruch *(m)*

CTOA

CTOA; crack tip opening angle	Rißspitzenöffnungswinkel *(m)*
CTOD; crack tip opening displacement	Rißspitzenöffnungsverdrängung *(f)*; Rißspitzenaufweitung *(f)*; Rißspitzenöffnungsverschiebung *(m)*
CT specimen; compact tension specimen	Kompaktzugprobe *(f)*
cuff [UK]; tangent [US]; tail [straight, unconvoluted portion at the end of the bellows of an expansion joint]	zylindrischer Auslauf *(m)* [gerader nicht gewellter Teil am Balgende eines Kompensators]
curb angle [tank]	Bordwinkel *(m)* [Tank]
curved shell	gekrümmte Schale *(f)*
cushion insert	federnde Zwischenlage *(f)*
cut length skelp	geschnittener Streifen *(m)* [Rohrherstellung]
cutting allowance	Verschnittzuschlag *(m)*
cut to shape [v]	formgeschnitten [V]
cyclic condition	Wechselbeanspruchung *(f)*
cyclic design life	rechnerische Lebensdauer *(f)* unter Wechselbeanspruchung
cyclic internal pressure	schwellender Innendruck *(m)*
cyclic life	Lebensdauer *(f)* unter Wechselbeanspruchung
cyclic movement	zyklische Verschiebung *(f)*
cyclic stressing; cycling	Wechselbeanspruchung *(f)*; wechselnde Beanspruchung *(f)*
cyclic stress range	Spannungsschwingbreite *(f)*
cylindrical flange; straight flange [UK]; cylindrical skirt [US] [end/head]	zylindrischer Bord *(m)* [Boden]
cylindrical pipe section	Rohrschuß *(m)*
cylindrical shell	Kreiszylinderschale *(f)*; zylindrischer Mantel *(m)*
cylindrical skirt [US]; cylindrical flange; straight flange [UK] [head/end]	zylindrischer Bord *(m)* [Boden]

D

dam [valve]	Stausteg *(m)* [Ventil]
DBE; design base earthquake	Auslegungserdbeben *(n)*
DCB specimen; double cantilever beam specimen	Doppelbalken-Probe *(f)*
dead end	blindes Rohrende *(n)*; Blindverschluß *(m)*
dead-end cylinder	Blindzylinder *(m)*
dead load	Belastung *(f)* durch Eigengewicht
dead zone	tote Zone *(f)*; Totzone *(f)*
debugging period; burn-in period; shaking out period	Anfangsperiode *(f)*; Anlaufperiode *(f)*; Frühfehlerperiode *(f)* [Lebensdauerbestimmung von Anlagenteilen]
deck drain [tank]	Deckablaß *(m)* [Tank]
deck leg [tank]	Decksteg *(m)* [Tank]
decompression check valve	Rückschlagventil *(n)* mit Vorentlastung
deep weld	nahezu durchgeschweißte Naht *(f)*
defect assessment	Fehlerbeurteilung *(f)*
defect resolution	Fehlerauflösung *(f)*
deflection	Abbiegung *(f)*; Durchbiegung *(f)*
deflection of the shell	Manteldurchbiegung *(f)*
deflection theory	Durchbiegungstheorie *(f)*
deflection to rupture	Bruchdurchbiegung *(f)*
deformability	Verformbarkeit *(f)*; Formänderungsvermögen *(n)*
deformation	Verformung *(f)*; Deformation *(f)*
degradation [material properties]	Verschlechterung *(f)* [Werkstoffeigenschaften]
degraded material	Ausschuß *(m)*
delay cracking	Spätrißbildung *(f)* [Auftreten von Rissen nach einer gewissen Zeit nach Beendigung der Schweißung]
delayed crack retardation	behinderte Rißwachstumsverzögerung *(f)*
density [gen.]	Dichte *(f)*; Dichtheit *(f)*; Schwärzung *(f)* [allg.]
density [radiog.]	Schwärzung *(f)* [Durchstrahlungsprüfung]
density comparison strip; step-wedge comparison film; step-wedge calibration film [radiog.]	Stufenkeilkontrollfilm *(m)*; Stufenkeilvergleichsfilm *(m)*; Schwärzevergleichsstreifen *(m)* [Durchstrahlungsprüfung]
density of porosity	Porendichte *(f)*
dent	Beule *(f)*
denting, tube ...	Denting *(n)*; Einschnürung *(f)* von Rohren [eine durch Korrosion verursachte Einschnürung von Heizrohren im Bereich von Lochplattenabstandshaltern]
departure from circularity	Abweichung *(f)* von der Kreisform
departure from film boiling; DFB	Benetzung *(f)*; instabiler Dampffilm *(m)*; Übergang *(m)* vom stabilen zum instabilen oder partiellen Filmsieden [instabile Siedevorgänge beim Unterschreiten der Wandtemperatur am DFB-Punkt]

departure from nucleate boiling	
departure from nucleate boiling; DNB	Filmsieden *(n)* [Siedekrise der 1. Art; Umschlagen vom Blasen- zum Filmsieden; kritische Heizflächenbelastung; siehe auch: ,,burnout"]
depletion [grain boundaries]	Verarmung *(f)* [in den Korngrenzen]
deposited metal	Schweißgut *(n)*
deposition, droplet ...	Tropfenanlagerung *(f)* [beim ,,Dryout"]
deposition controlled burnout	Burnout *(m)* mit Anlagerung von Wassertropfen an die Rohrwand [Siedekrise; verbunden mit einem Austrocknen der Heizfläche; Dryout]
depressurization; pressure relief	Druckentlastung *(f)*
depressurization transient	vorübergehende Druckentlastung *(f)*
depressurized; unpressurized	drucklos
depth of chamfering	Flankenabschrägungstiefe *(f)*
depth of corrugation	Wellentiefe *(f)*
depth of crack	Rißtiefe *(f)*
depth of crown; depth of dishing	Höhe *(f)* der Bodenwölbung; Wölbungshöhe *(f)*
depth of nut engagement	Eingrifftiefe *(f)* der Mutter
depth of penetration	Eindringtiefe *(f)*
derivative method	Differenzquotientenverfahren *(n)*
descaling solution	Entzunderungslösung *(f)*
descaling treatment	Entzunderungsbehandlung *(f)*
design acceptability	Abnehmbarkeit *(f)* der Konstruktion
design approach	rechnerische Annäherung *(f)*
design base earthquake; DBE	Auslegungserdbeben *(n)*
design conditions *(pl)*	Berechnungsbedingungen *(f, pl)*; Auslegungsbedingungen *(f, pl)*
design fatigue curve; fatigue curve; S/N curve; stress number curve	Wöhlerkurve *(f)*; Ermüdungskurve *(f)*
design life(time)	rechnerische Lebensdauer *(f)*
design limitations *(pl)*	konstruktive Einschränkungen *(f, pl)*
design liquid height	rechnerische Flüssigkeitshöhe *(f)*
design metal temperature	rechnerische Wandtemperatur *(f)*; Berechnungswandtemperatur *(f)*
design pressure [US]; calculation pressure [UK]	Berechnungsdruck *(m)*; Auslegungsdruck *(m)*
design pressure [UK]; maximum allowable working pressure; MAWP [US]	zulässiger Betriebsüberdruck *(m)*; obs.: Genehmigungsdruck *(m)*
design proof test	Überlastversuch *(m)* der Ausführung
design rotation angle	rechnerischer Verdrehungswinkel *(m)*
design specific gravity	rechnerisches spezifisches Gewicht *(n)*
design strength value	Festigkeitskennwert *(m)*
design stress	zulässige Spannung *(f)*
design stress for shear	zulässige Schubspannung *(f)*
design stress intensity	zulässige Vergleichsspannung *(f)*
design temperature	Berechnungstemperatur *(f)*; Auslegungstemperatur *(f)*
design wind velocity	rechnerische Windgeschwindigkeit *(f)*
desired service life	vorgesehene Lebensdauer *(f)*
developed length	abgewickelte Länge *(f)*

disc-finned tube

deviations (pl) of loading	Lastabweichungen (f, pl)
dew-point	Taupunkt (m)
dew-point corrosion	Taupunktkorrosion (f)
dew-point level, gas temperature falling/ranging below ...	Taupunktunterschreitung (f)
dew-point temperature	Taupunkttemperatur (f)
DFB; departure from film boiling	Benetzung (f) [instabiler Dampffilm; Definition unter „departure from film boiling"]
DGS diagram [distance, grain, size; ultras.]	AVG-Skala (f) [Abstand, Verstärkung, Größe; US-Prüfung]
diagonal (link) stay	Eckanker (m)
diaphragm check valve	Membranrückflußverhinderer (m)
diaphragm-operated valve	membrangesteuertes Ventil (n)
diaphragm valve	Membranventil (n)
differential control valve	Differenzdruckregelventil (n)
differential design pressure	Auslegungs-Differenzdruck (m)
differential expansion	Ausdehnungsunterschied (m)
differential relief valve	nicht vorgesteuertes einstufiges Ventil (n)
dimensional check	Maßkontrolle (f); Prüfung (f) auf Maßhaltigkeit
dimensional defect [weld imperfection]	Maßfehler (m) [Nahtfehler]
dip transfer arc welding; short arc welding	Kurzlichtbogenverfahren (n) [Schweißen]
direct burial [pipe]	direkte Einbettung (f) [Rohr]
direct contact magnetization [magn. t.]	Direktkontaktmagnetisierung (f) [Magnetpulverprüfung]
directional anchor; sliding anchor [expansion joint]	Gleitanker (m) [Kompensator]
directional blocked centre valve	Ventil (n) mit gesperrtem Durchfluß; Ventil (n) mit Sperrstellung [Wegeventil]
directional centre by-pass valve	Ventil (n) mit freiem Durchfluß [Wegeventil]
direction of loading	Belastungsrichtung (f)
direction of rolling	Walzrichtung (f)
direction point	Richtpunkt (m)
direct-mounted valve; line-mounted valve	Leitungsventil (n); Rohrventil (n)
direct spring-loaded pop type safety valve	direkt ansprechendes federbelastetes Sicherheitsventil (n)
direct stress; normal stress	Normalspannung (f)
direct thrust	unmittelbarer Auflagerdruck (m)
disbonding [corrosion protection]	Unterwanderung (f) von Fehlstellen [Korrosionsschutz]
disc [UK]; disk [US] [gen.]	Scheibe (f); Teller (m); Platte (f) [allg.]
disc [valve]	Kegel (m); Teller (m); Abschlußkörper (m) [Ventil]
disc, free area at ...	freier Kreisquerschnitt (m) [bei Kreisscheiben- und Kreisring-Anordnung in Wärmeaustauschern]
disc-and-doughnut baffle arrangement	Kreisscheiben-und-ring-Umlenkblechanordnung (f); Umlenkscheiben- und -ring-Anordnung (f) [in Wärmeaustauschern; Anordnungen von vollen Kreisscheiben, die mit Kreisringen abwechseln]
disc-finned tube	Kreisrippenrohr (n) [Rohr mit ebenen kreisförmigen Blechscheiben, die in überall

disc guide

disc guide [valve]	Kegelführung *(f)* [Ventil]
discharge capacity; relief capacity [valve]	Abblaseleistung *(f)* [Ventil]
discharge elbow [valve]	Abblasekrümmer *(m)* [Ventil]
discharge pipe; escape pipe [valve]	Abblaseleitung *(f)* [Ventil]
discharge reactions *(pl)*	Ausströmreaktionskräfte *(f, pl)*
discharge to atmosphere [v]	abblasen, ins Freie . . . [Ventil] [V]
discolouration (due to elevated temperature) [weld imperfection]	Anlauffarben *(f, pl)* [Nahtfehler]
disconnected cracks, group of . . .	Risse *(m, pl)*, eine Gruppe nicht miteinander verbundener . . . [Häufung von Schweißnahtfehlern, Rissen kann auftreten; im Schweißgut, in der WEZ und im Grundwerkstoff]
discontinuities, location remote from . . .	ungestörter Bereich *(m)*
discontinuity	Werkstofftrennung *(f)*; Diskontinuität *(f)*; Unstetigkeit *(f)*; Störstelle *(f)*
discontinuity category designation	Werkstofftrennungskennzeichnung *(f)*
discontinuity of edge rotation	Randstörung *(f)* durch Drillung
discontinuity stresses *(pl)*	Störstellenspannungen *(f, pl)*
disc-shaped compact specimen	scheibenförmige Kompaktprobe *(f)*
dished end [UK]; dished head [US]	gewölbter Boden *(m)*
dished [v] from plate [head]	aus Blech gekümpelt [V] [Boden]
dished parts *(pl)*	Kümpelteile *(n, pl)*
dishing	Kümpeln *(n)* [Formgebung gewölbter Böden]
dishing [tank]	Schüsseln *(n)* [Setzungsform eines Tanks, d. h. es bildet sich eine Setzungsmulde mit dem Tiefpunkt in der Behältermitte]
dishing radius; crown radius	Wöbungsradius *(m)*
disk [US]; disc [UK] [gen.]	Scheibe *(f)*; Teller *(m)*; Platte *(f)* [allg.]
dislocation [structure]	Versetzung *(f)* [im Feingefüge]
dislocation pile-up	Versetzungsaufstau *(m)*
dispersed flow	Sprühströmung *(f)*
displacement strains *(pl)*	Dehnungen *(f, pl)* aufgrund von Verlagerungen
displacement stress range	Verlagerungsspannungs-Schwingbreite *(f)*; Schwingbreite *(f)* der Verlagerungsspannungen
dissimilar steels *(pl)*	artungleiche Stähle *(m, pl)*
distributed live loads	verteilte Betriebsbelastungen *(f, pl)*
distribution steam piping	Dampfverteilungsleitung *(f)*
distribution system pressure	Verteilungsnetzdruck *(m)*
disturbed flow	nicht ausgebildete Strömung *(f)*
divergent ratings *(pl)* [flange]	abweichende Druck- und Temperaturstufen *(f, pl)* [Flansch]
diversion cross-flow	Nettoqueraustausch *(m)* [infolge von Druckgradienten quer zur Strömungsrichtung, z. B. durch unterschiedlichen Dampfgehalt in Unterkanälen]
divided flow	geteilte Strömung *(f)* [ohne Leitblech]

double-welded lap joint

dividing wall	Trennwand *(f)* [in Druckräumen]
division valve	Trennventil *(n)*
DNB; departure from nucleate boiling	Filmsieden *(n)* [Definition siehe unter: departure from nucleate boiling]
DNB heat flux; critical heat flux; CHF	kritische Wärmestromdichte *(f)*
domed end [UK]; domed head [US]	gewölbter Boden *(m)*
dome-type roof [tank]	Kugelsegmentdach *(n)* [Tank]
double-bevel groove weld [US]	Doppel-halbe V-Naht *(f)*; K-Naht *(f)*
double-block-and-bleed principle	Double-block-and-bleed-Prinzip *(n)* [Dichtprinzip, bei dem zwei Dichtungen beidseitig (eingangs- und ausgangsseitig des Kugelkükens) wirken, d. h. sie sind vollkommen voneinander getrennt und selbständig. Durch die beiden Sitzringabsperrungen entstehen drei völlig unabhängige Druckräume, bestehend aus Zuströmseite, Gehäuseinnenraum und Abströmseite. Ein unzulässiger Druckaufbau im Gehäuseinnenraum zwischen den Sitzringsystemen wird durch Selbstentlastung, d. h. durch Abheben der Sitzringsysteme von der Kugel vermieden]
double cantilever beam specimen; DCB specimen	Doppelbalken-Probe *(f)*
double check valve; dual check valve	entsperrbares (Zwillings-)Rückschlagventil *(n)*
double-cup; U-ring; U-cup	Nutringmanschette *(f)*; Nutring *(m)*; Doppellippenring *(m)*
double-deck roof [tank]	Doppeldeckdach *(n)* [Tank]
double-deck type floating roof	Doppeldeckschwimmdach *(n)* [Tank]
double-disc gate	Keilplatte *(f)* [Ventil]
double-disc gate valve	Keilplattenschieber *(m)* [Ventil]
double edge crack	symmetrischer Kantenriß *(m)*
double-fluted tube	doppelt (auf der Innen- und Außenseite) feingewelltes Rohr *(n)* [in Fallfilmverdampfern]
double-J groove weld [US]	Doppel HU-Naht *(f)*; Doppel-J-Naht *(f)*; halbe Tulpennaht *(f)*
double passage; repeated passage	zweimaliger Durchlauf *(m)*
double-pipe heat exchanger	Doppelrohr-Wärmeaustauscher *(m)*
double-seated valve	Doppelsitzventil *(n)*
double split flow	doppelt geteilte Strömung *(f)*
double submerged arc welding process	Doppel-UP-Lichtbogenschweißen *(f)*
double taper junctures *(pl)*	Doppelkegelverbindungen *(f, pl)*
double-type expansion joint; dual (bellows) expansion joint	zweibälgiger Kompensator *(m)*; zweiwelliger Dehnungsausgleicher *(m)*
double-U groove weld [US]	Doppel-U-Naht *(f)*
double-vee groove weld [US]	Doppel-V-Naht *(f)*; X-Naht *(f)*
double-wall technique [radiog.]	Doppelwandbetrachtung-Durchstrahlungstechnik *(f)*
double-welded butt joint	beidseitig geschweißter Stumpfstoß *(m)*
double-welded lap joint	beidseitig geschweißter Überlappstoß *(m)*

doughnut

doughnut [see: disc-and-doughnut baffle arrangement]	Kreisring *(m)*; Umlenkring *(m)* [Umlenkblech in Wärmeaustauschern (siehe: Kreisscheiben- und -ring-Umlenkblech-Anordnung)]
doughnut, free area at ...	freier Ringquerschnitt *(m)* [bei Kreisscheiben-und -ring-Anordnung in Wärmeaustauschern]
downcoming flow of coolant	fallende Kühlmittelströmung *(f)*
downstream conditions *(pl)*	Zustände *(m, pl)* in der Auslaufstrecke
drag coefficient	Luftwiderstandsbeiwert *(m)*
drag force term	Widerstandsterm *(m)* [Verhältnis zwischen widerstandsbedingtem Druckgradienten und Widerstandsbeiwert]
dragout [penetrant]	Austragen *(n)* [Eindringmittel]
drag reduction	Widerstandsverringerung *(f)*
drain	Entwässerung *(f)*; Abfluß *(m)*; Entleerung *(f)*
drainage slope	Entwässerungsgefälle *(n)*
drain valve; purger; purge valve	Entleerungsventil *(n)*; Ablaßventil *(n)*
drawn arc stud welding	Lichtbogenbolzenschweißen *(n)* mit Hubzündung
drawoff-sump [tank]	Abzugssumpf *(m)* [Tank]
drift expanding test [tube]	Aufweitversuch *(m)* [Rohr]
drifting	Aufdornen *(n)*
drill drift tolerance	Ovalitätstoleranz *(f)* von Bohrungen; Toleranz *(f)* für die Ovalität der Bohrungen [Verlaufen des Loches beim Bohren von Rohrlöchern]
driving fit	Treibsitz *(m)*
drop in flow efficiency; flow efficiency drop	Durchflußleistungsabfall *(m)*
drop in pressure; pressure drop	Druckabfall *(m)*
droplet deposition	Tropfenanlagerung *(f)* [beim „Dryout"]
drop-weight tear test	Fallgewichtsversuch *(m)*; Fallgewichtszerreißversuch *(m)* [nach Pellini]
dropwise condensation	Tropfenkondensation *(f)*
dry collisions *(pl)*	Wärmeübergang *(m)* von der Wand an Tropfen [die infolge radialer Bewegung die wandnahe Grenzschicht erreichen, jedoch die Wand nicht benetzen]
drying nozzle	Trocknungsdüse *(f)*
dryout	Dryout *(m)*; Trockengehen *(n)* der Wand beim Filmsieden [Abreißen des Wasserfilms von der Rohrwand bzw. Austrocknen des Wasserfilms; Siedekrise der 2. Art]
dry patches *(pl)*	trockene Flecken *(m, pl)* [auf der Heizfläche beim stellenweisen Abreißen des Flüssigkeitsfilms; „Dryout"-Phänomen]
dry seal pipe thread	selbstdichtendes Rohrgewinde *(n)*
dual (bellows) expansion joint; double-type expansion joint	zweibälgiger Kompensator *(m)*; zweiwelliger Dehnungsausgleicher *(m)*
dual check valve; double check valve	entsperrbares (Zwillings-)Rückschlagventil *(n)*

dual crystal search unit [ultras.]	SE-Prüfkopf *(m)*; Sender-Empfänger-Prüfkopf *(m)* [US-Prüfung]
ductile fracture	zäher Bruch *(m)*; Verformungsbruch *(m)*
ductile tearing mode	zäher Reißmodus *(m)*
ductility	Formänderungsvermögen *(n)*; Duktilität *(f)*
ductility-dip crack; brittle crack	Sprödriß *(m)* [entsteht, während der Werkstoff ein temperaturabhängiges Zähigkeitsminimum durchläuft]
Dugdale strip (yield) model	Dugdalesches plastisches Zonenmodell *(n)*; Streifenfließmodell *(n)* nach Dugdale
dummy insert; dummy layer [welding]	Blindeinsatz *(m)*; Blindlage *(f)* [Schweißen]
duplex block and bleed valve set	Ventilkombination *(f)* mit Doppelabsperrung und Entlastung/Zwischenentlüftung
dwell time [penetrant]	Einwirkdauer *(f)*; Verweilzeit *(f)* [Eindringmittel]

earth grade

E

earth grade	Erdaufschüttung *(f)*
earthquake load	Erdbebenlast *(f)*
earthquake moment load	Erdbeben-Momenten-Belastung *(f)*
earthquake moment range	Erdbeben-Moment-Schwingbreite *(f)*
earthquake-proof	erdbebensicher
earthquake response	Reaktion *(f)* auf Erdstöße; Erdstoßreaktion *(f)*
earth settlement	Bodensetzung *(f)*
easing lever [valve]	Entlastungsvorrichtung *(f)* [Ventil]
easy-glide region [metal structure]	Bereich *(m)* mit Mehrfachgleitung in allen Körnern [Bereichseinteilung polykristalliner Metalle bei plastischer Verformung; Gleitlinienlänge gleich dem Korndurchmesser]
EBW; electron beam welding	Elektronenstrahlschweißen *(n)*
eccentric loading	außermittige Belastung *(f)*
ECP specimen; edge cracked panel specimen	seitengekerbte Flachzugprobe *(f)*
eddy current testing	Wirbelstromprüfung *(f)*
eddy kinematic viscosity	scheinbare kinematische Zähigkeit *(f)* der turbulenten Strömung
eddy mass diffusity	turbulenter Stoffaustauschkoeffizient *(m)*
eddy shedding	Wirbelablösung *(f)*
eddy thermal diffusity	scheinbare Temperaturleitfähigkeit *(f)* der turbulenten Strömung
edge bolting	Randverschraubung *(f)*
edge crack	Kantenriß *(m)*
edge cracked panel specimen; ECP specimen	seitengekerbte Flachzugprobe *(f)*
edge defect; edge imperfection	Kantenfehler *(m)* [Walzfehler]
edge discontinuity	Kantenstörstelle *(f)*
edge imperfection; edge defect	Kantenfehler *(m)* [Walzfehler]
edge lap	Randkante *(f)*
edge reinforcement; reinforcement edge	Randverstärkung *(f)*
edge rotation	Randverdrillung *(f)*; Verdrillung *(f)* des Randes
edge seam weld	Stirnrollenschweißnaht *(f)*
edge stress	Randspannung *(f)*
edge weld	Stirnnaht *(f)*
edge zone [ultras.]	Randzone *(f)* [Blech; US-Prüfung]
effective area	mittragende Fläche *(f)* [bei Ausgleich durch Werkstoff]
effective diameter [UK] [thread]	Flankendurchmesser *(m)* [Gewinde]
effective gasket seating width	Wirkbreite *(f)* der Dichtung; Dichtungs-Wirkbreite *(f)*
effective head	Wirkdruck *(m)*
effective length; unsupported length; buckling length	Knicklänge *(f)* [Stab]; Beullänge *(f)* [Schale]
effective length of weld	mittragende Schweißnahtlänge *(f)*
effective part of shell	mittragender Mantelteil *(m)*
effective reinforcement	mittragende Verstärkung *(f)*
effective section modulus	effektiver Widerstandsmoment *(n)*

elevated temperature tank

effective width	mittragende Breite *(f)*
effective yield point	tatsächliche Streckgrenze *(f)*
efficiency of ligaments between tubeholes; ligament efficiency [tubesheet]	Verschwächungsbeiwert *(m)* der Rohrlochstege; Rohrlochsteg-Verschwächungsbeiwert *(m)* [Rohrboden]
efficiency of weld; weld (joint) efficiency; weld factor; joint factor	Nahtfaktor *(m)*; Schweißnahtfaktor *(m)*; obs.: Verschwächungsbeiwert *(m)* der Schweißnaht
efflux edge; outlet edge	Abströmkante *(f)*; Ausflußkante *(f)*; Abflußkante *(f)*
EGW; electro-gas welding	Elektro-Schutzgas-Schweißen *(n)*
elastic analysis	elastische Analyse *(f)*
elastic constant	Elastizitätskonstante *(f)*
elastic foundation	elastische Bettung *(f)*
elastic instability	elastisches Einbeulen *(n)*
elastic limit	Elastizitätsgrenze *(f)*
elastic-plastic strain	elastisch-plastische Dehnung *(f)*
elasto-plastic fracture mechanics	Fließbruchmechanik *(f)*
elbow; bend	Rohrbogen *(m)*; Rohrkrümmer *(m)*
elbow coupling; elbow fitting; angle fitting; angle coupling	Winkelverschraubung *(f)*; Winkelverbindung *(f)*
elbow with cast-in wear-back	Verschleißkrümmer *(m)*
electrically pressure welded tube	elektrisch preßgeschweißtes Rohr *(n)*
electrical resistance brazing	elektrisches Widerstandslöten *(n)*
electric flash welded [v]	abbrand-stumpfgeschweißt [V]
electric resistance welded pipe	elektrisch widerstandsgeschweißtes Rohr *(n)*
electric trace heating	elektrische Begleitheizung *(f)*
electrode extension [welding]	Elektroden-Überstand *(m)* [Schweißen]
electrode indentation [weld imperfection]	Elektrodeneindruck *(m)* [Nahtfehler]
electrode material	Elektrodenwerkstoff *(m)*
electrode run-out length	Ausziehlänge *(f)* der Elektrode; Elektroden-Ausziehlänge *(f)*
electrode spacing	Elektrodenabstand *(m)*
electro-gas welding; EGW	Elektro-Schutzgas-Schweißen *(n)*
electromagnetic testing	elektromagnetische Prüfung *(f)*
electron beam cutting	Elektronenstrahlschneiden *(n)*
electron beam drilling	Elektronenstrahlbohren *(n)*
electron beam welding; EBW	Elektronenstrahlschweißen *(n)*
electron fractography	Elektronenfraktographie *(f)*
electron microscopy, scanning . . . ; SEM	Raster-Elektronenmikroskopie *(f)*
electron microscopy, transmission . . . ; TEM	Transmissions-Elektronenmikroskopie *(f)*; TEM
electro-slag remelting process; ESR process	Elektroschlacke-Umschmelzverfahren *(n)*
electro-slag welding; ESW	Elektroschlackeschweißen *(n)*
elephant-footing [tank]	Beulen *(n)* des Tanks im Fußbereich; Elephant-Footing *(n)* [durch Druckkraft; Flüssigkeitswirkung]
elevated temperature proof stress; proof stress at elevated temperature [UK]; yield strength at temperature [US]	Warmstreckgrenze *(f)* [0,2%-Dehngrenze bei höheren Temperaturen]
elevated temperature tank	Tank *(m)*, bei erhöhter Temperatur betriebener . . .

ellipsoidal head

ellipsoidal head [US]; ellipsoidal end [UK]	elliptischer Boden *(m)*
elliptical crack	elliptischer Riß *(m)*
elongated cavity [weld imperfection]	Gaskanal *(m)* [langgestreckter Gaseinschluß in Richtung der Schweißnaht; in Einzelfällen auch an der Oberfläche; Nahtfehler]
elongated defect	länglicher Fehler *(m)*
elongated slag inclusion; linear slag line [weld imperfection]	Schlackenzeile *(f)* [zeilenförmige Einlagerung im Schweißgut; Nahtfehler]
elongation at fracture	Bruchdehnung *(f)*
embankment [tank]	Umwallung *(f)* [Tank]
embedded defect	eingebetteter Fehler *(m)*
emergency valve	Notventil *(n)*
emergency venting device	Not-Entlüftungsvorrichtung *(f)*
empty weight	Leergewicht *(n)*
emulsified flow	Emulsionsströmung *(f)*
emulsifier	Emulgator *(m)*
encircling coil examination [eddy t.]	Prüfung *(f)* mit umschließender Spule [Wirbelstromprüfung]
enclosure method	Methode *(f)* des umschlossenen Raumes; Bruttomethode *(f)*
end; end plate [UK]; head [US] [head types see under: "head"]	Boden *(m)* [Bodenformen siehe unter: „head"]
end bracket	Endkonsole *(f)*
end closure	Endverschluß *(m)*; Bodenverschluß *(m)*
end equalizing ring [bellows; expansion joint]	Endverstärkungsring *(m)* [Kompensatorbalg]
end force	Endkraft *(f)*
end gusset (plate)	End-Eckblech *(n)*
end of life; EOL	Endzustand *(m)* der Belastbarkeit
end plate; end [UK]; head [US] [head types see under: "head"]	Boden *(m)* [Bodenformen siehe unter: „head"]
end plug [cap]	Endstopfen *(m)* [Kappe]
end prepared for expanding	Einwalzende *(n)*
end pressure	Kantenpressung *(f)* [bei eingesetzten Rohren, die gegen die Kanten der Rohrlöcher drücken]
end quench test [Jominy]	Stirnabschreckversuch *(m)* [nach Jominy]
end ring	Abschlußring *(m)*
end section	Endstück *(n)*
end stiffening member [tank]	Kopfsteife *(f)* [Tank]
end thrust [by forces and moments]	Endverschiebung *(f)* [durch Kräfte u. Momente]
endurance failure	Dauerschwingbruch *(m)*
endurance strength; endurance limit	Dauerwechselfestigkeit *(f)*; Dauerschwingfestigkeit *(f)*
endurance test; fatigue test	Dauerschwingversuch *(n)*
energy absorbed	Kerbschlagarbeit *(f)*; Schlagarbeit *(f)*
energy absorbed/temperature curve	AVT-Kurve *(f)*; Kerbschlagarbeit-Temperatur-Kurve *(f)*
energy release rate	Energiefreisetzungsrate *(f)*

engagement [thread]	Eingriff *(m)* [durch Schraube; bei Gewinden]
enquiry case [UK]; code case [US]	Auslegungsfall *(m)*
entrainment; carry-over [gen.]	Mitreißen *(n)* [allg.]
entrainment [film boiling]	Entrainment *(n)*; Tröpfchenmitreißen *(n)* [im Dampfkern getragener Tropfenanteil einer Flüssigkeit; Filmsieden]
entrance loss	Eintrittsverlust *(m)*
entrance region	Anlaufstrecke *(f)*
entrance region of the tube	Rohreinlaufgebiet *(n)*
entrapped gas [weld imperfection]	Gaseinschluß *(m)* [Schweißnahtfehler]
entrapped moisture	eingedrungene Feuchtigkeit *(f)*
entry surface [ultras.]	Einschalloberfläche *(f)* [US-Prüfung]
envelope	Hüllkurve *(f)*; Umgrenzungslinie *(f)*; Einhüllende *(f)*
envelope seal	Umhüllungsdichtung *(f)*
environmental acceptability	Umweltfreundlichkeit *(f)*
environmental stress crazing and cracking	umgebungsinduzierte Spannungsrißbildung *(f)* [Pseudorisse und Risse in Kunststoffrohrleitungen]
EOL; end of life	Endzustand *(m)* der Belastbarkeit
equalization of stresses	Gleichsetzung *(f)* der Spannungen
equalizing ring [bellows]	Zwischenringverstärkung *(f)*; Verstärkungsring *(m)* mit etwa T-förmigem Querschnitt [Kompensatorbalg]
equal leg fillet weld	gleichschenklige Kehlnaht *(f)*
equilibrium flow	Gleichgewichtsströmung *(f)*
equilibrium of stresses	Gleichgewicht *(f)* der Spannungen
equivalent flaw; substitute defect	Ersatzfehler *(m)*
equivalent linear stress [defined as the linear stress distribution which has the same net bending moment as the actual stress distribution]	äquivalente lineare Biegespannung *(f)* [die lineare Spannungsverteilung, welche dasselbe Nettobiegemoment wie die tatsächliche Spannungsverteilung hat]
equivalent penetrameter sensitivity [ultras.]	äquivalente Bohrlochsteg-Empfindlichkeit *(f)* [US-Prüfung]
equivalent stress; equivalent stress intensity	Vergleichsspannung *(f)*
equivalent stress range	vergleichbare Spannungsschwingbreite *(f)*
erection instructions *(pl)*	Montageanleitung *(f)* [Anlage]
erection opening	Montageöffnung *(f)* [Ausschnitt]
erection scaffold(ing)	Montagegerüst *(n)*
erection sequence	Montagegefolge *(f)*
erection site	Montageort *(m)*
erection support grid	Montagehilfstragrost *(m)*
erection well	Montageöffnung *(f)* [durchgehend]; Montageschacht *(m)*
escape pipe; discharge pipe [valve]	Abblaseleitung *(f)* [Ventil]
ESR process; electro-slag remelting process	Elektroschlacke-Umschmelzverfahren *(f)*
essential facilities factor	Bauschwingungsfaktor *(m)*
ESW; electro-slag welding	Elektroschlackeschweißen *(n)*
etchant	Ätzmittel *(n)*
etching crack	Ätzriß *(m)*

etching technique	Ätzverfahren *(n)*
etch pit	Ätzgrübchen *(n)*
evaporation	Verdampfung *(f)*
evaporation loss	Verdampfungsverlust *(m)*
evaporative capacity	Verdampfungsleistung *(f)*
evaporative cooler	Verdunstungskühler *(m)*
evaporative cooling	Verdunstungskühlung *(f)*
excess flow loss; surplus flow loss	Überströmverlust *(m)*
excess flow valve; flow limiting valve	Strombegrenzungsventil *(n)*; Strömungswächter *(m)*
excessive convexity [weld imperfection]	zu starke Wölbung *(f)* [Nahtfehler]
excessive dressing; underflushing [weld imperfection]	Unterschleifen *(n)* [unzulässige Verminderung des Werkstücks oder der Nahtdicke durch Schleifen; Nahtfehler]
excessive fouling	übermäßige Verunreinigung *(f)*
excessive local penetration; penetration bead [weld imperfection]	Schweißtropfen *(m)* [Nahtfehler]
excessive over-fill [weld imperfection]	Überhöhung *(f)* der äußeren Schweißlage [Nahtfehler]
excessive pass; overlap [weld imperfection]	Schweißgutüberlauf *(m)* [übergelaufenes, nicht gebundenes Schweißgut auf dem Grundwerkstoff; Nahtfehler]
excessive peaking [weld imperfection]	übermäßige Überhöhung *(f)* [Nahtfehler]
excessive penetration; excessive root convexity [weld imperfection]	zu große Wurzelüberhöhung *(f)* [durchlaufende Wurzelüberhöhung und einzelne Durchtropfungen; Nahtfehler]
excessive reinforcement [weld imperfection]	zu große Nahtüberhöhung *(f)* [Nahtfehler]
excessive sag [butt weld; horizontal and overhead positions]	durchgefallene Naht *(f)* [bei Schweißposition W und Ü bei Stumpfnähten; Nahtfehler]
excessive sag [fillet weld; horizontal position]	flachliegende Kehlnaht *(f)* [bei Schweißposition H; Nahtfehler]
excessive sag [pipe]	übermäßige Durchbiegung *(f)* [Rohr]
excessive sag [weld imperfection]	verlaufenes Schweißgut *(n)* [Schweißgut befindet sich aufgrund des Eigengewichts an nicht beabsichtigten Stellen; Nahtfehler]
excessive scatter [radiog.]	zu starke rückwärtige Streustrahlung *(f)* [Durchstrahlungsprüfung]
excessive separation [weld imperfection]	übermäßiges Klaffen *(n)* [Der Spalt zwischen den geschweißten Werkstücken ist unzulässig groß; Nahtfehler]
excessive trim [weld imperfection]	Schweißlagenüberhöhung *(f)* [Nahtfehler]
excessive weld zone [weld imperfection]	übermäßige Linsendicke *(f)*; übermäßige Schweißnahtbreite *(f)* [Nahtfehler]
excess material	Werkstoffüberschuß *(m)*
excess penetration [weld imperfection]	Wurzeldurchhang *(m)* [Nahtfehler]
excess penetration bead [weld imperfection]	durchhängende Wurzel *(f)* [Nahtfehler]
excess weld metal; weld reinforcement [weld imperfection]	Schweißnahtüberhöhung *(f)*; Nahtüberhöhung *(f)* [Nahtfehler]
exclusion seal; protective seal	Schutzdichtung *(f)*

excursion [magn. t]	Auswandern *(n)* [von magnetischen Kraftlinien bei der Magnetpulverprüfung]
exhaust throttle; bleed throttle	Entlüftungsdrossel *(f)*
exit velocity	Austrittsgeschwindigkeit *(f)*
expanded joint insert	Walzverbindungseinsatz *(m)*; Einsatz *(m)* für eine Walzverbindung
expanded length of tube	Rohreinwalzlänge *(f)*
expanded portion [tube]	Einwalzstelle *(f)* [am Rohr]
expanded tube connection	Rohreinwalzung *(f)* [Verbindung]
expand ratio; final tube expansion	Haftaufweitung *(f)* [Rohr; nach dem Einwalzen]
expansion	Aufweitung *(f)* [beim Einwalzen]
expansion joint	Dehnungsausgleicher *(m)*; Kompensator *(m)*
expansion joint, articulated ...	Gelenkkompensator *(m)*
expansion joint, ball-type ...	Kugelgelenkkompensator *(m)*
expansion joint, corrugated ...	Wellrohrdehnungsausgleicher *(m)*; Wellrohrkompensator *(m)*; Linsenausgleicher *(m)*
expansion joint, double-type ...	zweibälgiger Kompensator *(m)*; zweiwelliger Dehnungsausgleicher *(m)*
expansion joint, dual (bellows) ...	zweibälgiger Kompensator *(m)*; zweiwelliger Dehnungsausgleicher *(m)*
expansion joint, externally pressurized ...	außendruckbelasteter Dehnungsausgleicher *(m)*; außendruckbelasteter Kompensator *(m)*
expansion joint, gimbal ...	Rohrgelenkkompensator *(m)*; Rohrgelenkstück *(n)* [Angularkompensator mit Kardan-Rohrgelenkstücken anstelle von zwei Gelenksystemen; zur räumlichen Dehnungsaufnahme]
expansion joint, hinged ...	Gelenkkompensator *(m)* [ein Rohrgelenk eines aus mindestens zwei oder höchstens drei Gelenken bestehenden ebenen Gelenksystems]
expansion joint, internally-guided ...	Axialkompensator *(m)* mit innerem Leitrohr
expansion joint, non-metallic ...	Weichstoffkompensator *(m)*
expansion joint, omega-type ...	Balgkompensator *(m)* mit lyraförmig gebogenen Wellenflanken
expansion joint, pressure balanced ...	eckentlasteter Axialkompensator *(m)*
expansion joint, rectangular ...	rechteckiger Kompensator *(m)*; rechteckiger Dehnungsausgleicher *(m)*; Kamera-Dehnungsausgleicher *(m)*
expansion joint, single (bellows) ...	einbalgiger Kompensator *(m)*; einbalgiger Dehnungsausgleicher *(m)*
expansion joint, single-type ...	einbalgiger Kompensator *(m)*; einbalgiger Dehnungsausgleicher *(m)*
expansion joint, slip-type ...	Gleitrohrdehnungsausgleicher *(m)*; Gleitrohrkompensator *(m)*
expansion joint, swing ...	Gelenkkompensator *(m)* [Lateralkompensator]
expansion joint, swivel-type ...	Gelenkkompensator *(m)* [ermöglicht Verdrehbewegung eines Rohrleitungssystems in einer Ebene]

expansion joint, toroidal (bellows) ...	
expansion joint, toroidal (bellows) ...	Ringwulstdehnungsausgleicher *(m)*; Ringwulstkompensator *(m)*; kreisringförmiger Dehnungsausgleicher *(m)*
expansion joint, universal ...	Universalkompensator *(m)* [für allseitige Bewegungsaufnahme]
expansion joint, universal pressure balanced ...	eckentlasteter Gelenkkompensator *(m)*
expansion sleeve	Dehnungshülse *(f)*
expansion strain	Ausdehnungsverformung *(f)*
expansion stresses *(pl)* [stresses resulting from restraint of free end displacement of pipes]	Ausdehnungsspannungen *(f, pl)* [Spannungen infolge der Behinderung einer freien Verschiebung von Rohren]
expansion thrusts *(pl)*	Ausdehnungsschubkräfte *(f, pl)*
explosion-bonded cladding	Explosionsplattierung *(f)*; Sprengplattierung *(f)*
explosive-clad plate	sprengplattiertes Blech *(n)*
explosive welding	Sprengschweißen *(n)*
exposed piping	offen verlegte Rohrleitung *(f)*; frei verlegte Rohrleitung *(f)*
expose to pressure; charge with pressure; pressurize [v]	druckbeaufschlagen; mit Druck beaufschlagen [V]
exposure [radiog.]	Belichtung *(f)* [bei der Durchstrahlungsprüfung]
exposure holder [radiog.]	Filmträger *(f)* [Durchstrahlungsprüfung]
extended surface effectiveness; fin effectiveness	Rippenwirkungsgrad *(m)* [Wärmeaustauscher]
extended surface tube; fin tube	Rippenrohr *(n)*
external dishing	Auskümpelung *(f)*
external floating-roof tank	Tank *(m)* mit äußerem Schwimmdach
external height of dishing	äußere Wölbungshöhe *(f)*
externally piloted valve	fremdgesteuertes Ventil *(n)*
externally pressurized expansion joint	außendruckbelasteter Dehnungsausgleicher *(m)*; außendruckbelasteter Kompensator *(m)*
externally sealed floating tubesheet	außen abgedichteter Schwimmkopfrohrboden *(m)*
external pressure	Außendruck *(m)*
external pressure capability	Außendruckwiderstandsfähigkeit *(f)*
external taper thread	kegeliges Außengewinde *(n)*
extreme fibre	Außenfaser *(f)*
extreme fibre elongation	Reckung *(f)* der Außenfaser
extremities *(pl)*	Endpunkte *(f, pl)*
extruded lip	ausgehalster Kragen *(m)*
extruded outlet	Aushalsung *(f)*; ausgehalster Abgang *(m)*
extruded pipe	stranggepreßtes Rohr *(n)*
extruded taper	Aushalsungskegel *(m)*

F

fabrication	Fertigung (f); Herstellung (f)
fabrication and field erection quality plan	Bau- und Montageüberwachungsplan (m)
fabrication and inspection coverage	Fertigungs- und Prüffolge (f) [Qualitätssicherungs-Handbuch]
fabrication stress	durch Bearbeitung erzeugte Spannung (f)
fabrication tolerances (pl)	Fertigungstoleranzen (f, pl)
face; facing; mating surface [flange]	Dichtfläche (f); Arbeitsleiste (f) [Flansch]
face and back welded-on flange	beidseitig angeschweißter Flansch (m)
faced tubesheet	verkleideter Rohrboden (m)
face feed [brazing]	Einlegen (n) [Hartlot]
face of weld	Nahtoberfläche (f)
face-side bend test	Biegeversuch (m) mit der Raupe im Zug
face-to-face dimension	Baulänge (f)
face valve; seated valve; seating valve; seat valve	Sitzventil (n)
facing dimension [flange]	Dichtflächenabmessung (f) [Flansch]
factored load	Last (f), mit Beiwert versehen ...
factories act	Gewerbeordnung (f)
factor of safety; safety factor	Sicherheitsbeiwert (m)
factory inspectorate	Gewerbeaufsichtsamt (n)
FAD; fracture analysis diagram	Pellini-Diagramm (n); Bruchanalysendiagramm (n)
fail-safe	betriebssicher; versagenssicher
fail-safety	Versagenssicherheit (f)
failure	Ausfall (m); Versagen (n)
failure analysis	Schadensanalyse (f)
failure mode	Versagensmodus (m); Schadensmodus (m); Versagensart (f)
failure mode, effects and criticality analysis; FMECA	Ausfallarten-, Ausfallauswirkungs- und Ausfallbedeutungsanalyse (f)
failure mode and effects analysis; FMEA	Ausfallarten- und Ausfallauswirkungsanalyse (f)
failure performance	Ausfallverhalten (n)
failure pressure [tank]	Reißdruck (m) [Tank]
falling film evaporator	Fallfilmverdampfer (m)
falling wave film flow	Wellenströmung (f) des Kondensatfilmes
fall in line [v] [welds]	fluchten [V] [Nähte]
false indication	Scheinanzeige (f)
family of cracks	Rißschar (f)
Fanning friction factor	Widerstandsbeiwert (m) [dimensionsloser, den Strömungswiderstand beschreibende Kennzahl; nach Fanning]
far field portion of the sound beam [ultras.]	Fernfeldteil (m) des Schallstrahlenbündels [US-Prüfung]
fast-acting valve; quick-acting valve; rapid-action valve; quick closure-type valve	Schnellschlußventil (n)
fastener	Befestigungselement (n); Verbindungselement (n)
fastening bolt	Befestigungsschraube (f)
fast fracture	Gewaltbruch (m)

fatigue

fatigue	Ermüdung *(f)*
fatigue analysis; fatigue evaluation	Ermüdungsanalyse *(f)*; Dauerfestigkeitsanalyse *(f)*; Dauerfestigkeitsnachweis *(m)*
fatigue behaviour	Ermüdungsverhalten *(n)*
fatigue crack	Ermüdungsriß *(m)*; Ermüdungsanriß *(m)*
fatigue crack acceleration	Ermüdungsrißbeschleunigung *(f)*
fatigue crack curve	Ermüdungsrißkurve *(f)*
fatigue crack delay	Ermüdungsrißverzögerung *(f)*
fatigue crack growth	Ermüdungsrißwachstum *(n)*
fatigue crack growth law	Gesetz *(n)* des Anwachsens von Ermüdungsrissen; Ermüdungsrißwachstumsgesetz *(n)*
fatigue cracking	Ermüdungsrissigkeit *(m)*
fatigue crack initiation	Ermüdungsrißeinleitung *(f)*
fatigue crack prediction	Ermüdungsrißvorhersage *(f)*
fatigue crack propagation	Rißausbreitung *(f)* infolge Ermüdung
fatigue crack test	Ermüdungsrißversuch *(m)*
fatigue crack threshold (value)	Ermüdungsrißschwellenwert *(m)*
fatigue curve; design fatigue curve; S/N curve; stress number curve	Ermüdungskurve *(f)*; Wöhlerkurve *(f)*; Dauerfestigkeitskurve *(f)*
fatigue design	Auslegung *(f)* auf Ermüdung
fatigue design conditions *(pl)*	Auslegungsbedingungen *(f, pl)* für Ermüdung
fatigue evaluation; fatigue analysis	Dauerfestigkeitsnachweis *(m)*; Dauerfestigkeitsanalyse *(f)*; Ermüdungsanalyse *(f)*
fatigue failure	Ermüdungsversagen *(n)*; Versagen *(n)* durch Ermüdung
fatigue fracture	Dauerbruch *(m)*; Ermüdungsbruch *(m)*
fatigue fretting	Ermüdung *(f)* durch Abnutzung
fatigue hardening	Verfestigung *(f)* durch wechselnde Beanspruchung
fatigue life	Lebensdauer *(f)* bei Ermüdung
fatigue limit; fatigue strength	Dauerfestigkeit *(f)* [bei hohen Lastspielzahlen]; Ermüdungsfestigkeit *(f)* [bei niedrigen Lastspielzahlen]
fatigue loading	Ermüdungsbeanspruchung *(f)*
fatigue notch factor	Kerbwirkungszahl *(f)* [Verhältnis der Dauerfestigkeit des Vollstabes mit profilierter Oberfläche zur Dauerfestigkeit des Kerbstabes; Def. DIN 50100; bei einem Bauteil mit konstruktiv bedingten Kerben ist mit Versagen durch Schwingungsbruch zu rechnen, wenn die Nennspannungsamplitude die „Kerb-Dauerfestigkeit" des Bauteils erreicht]
fatigue notch sensitivity	Kerbempfindlichkeitszahl *(f)*
fatigue precrack	Ermüdungsanriß *(m)*
fatigue precracking	Ermüdungsanschwingungen *(f, pl)*
fatigue strength; fatigue limit	Ermüdungsfestigkeit *(f)*; Dauerfestigkeit *(f)* [siehe: „fatigue limit"]
fatigue strength reduction factor [a stress intensification factor which accounts for the effect of a local structural	Ermüdungsfaktor *(m)* [Spannungserhöhungsfaktor, welcher den Einfluß einer örtlichen Struktur-Diskontinuität (Spannungs-

discontinuity (stress concentration) on the fatigue strength]	konzentration) auf die Ermüdungsfestigkeit berücksichtigt]
fatigue strength under alternating tensile stresses	Dauerfestigkeit *(f)* unter alternierenden Zugspannungen [Zug–Druck]
fatigue strength under pulsating pressure	Dauerfestigkeit *(f)* unter pulsierendem Innendruck
fatigue strength under pulsating stresses	Dauerfestigkeit *(f)* unter schwellender Beanspruchung
fatigue strength under repeated bending stresses	Dauerfestigkeit *(f)* unter wechselnder Biegebeanspruchung
fatigue strength under reverse stresses	Dauerwechselfestigkeit *(f)*
fatigue stress	Dauerschwingbeanspruchung *(f)*
fatigue striations *(pl)*	Schwingungsstreifen *(m, pl)* [streifenförmige Markierungen auf Schwingbruchflächen im mikroskopischen Bereich]
fatigue test; endurance test	Dauerschwingversuch *(m)*; Dauerversuch *(m)*; Dauerprüfung *(f)*
FCAW; flux-cored arc welding	Fülldraht-Lichtbogenschweißen *(n)*
female adaptor ring; female support ring	Druckring *(m)*; Sattelring *(m)*
female branch tee; female side tee	T-Verschraubung *(f)* mit Aufschraubkappe im Abzweig
female connector; female end fitting; socket end fitting	Aufschraubverschraubung *(f)*
female coupling half; coupler	Überwurf *(m)*; Kupplungshälfte *(f)*
female elbow	Winkelverschraubung *(f)* mit Überwurfkappe; Aufschraubwinkel *(m)* [Rohrverschraubung]
female end fitting; female connector socket end fitting	Aufschraubverschraubung *(f)*
female face [gasket]	Rücksprung *(m)* [Dichtfläche]
female run tee	T-Verschraubung *(f)* mit Aufschraubkappe im durchgehenden Teil
female side tee; female branch tee	T-Verschraubung *(f)* mit Aufschraubkappe im Abzweig
female support ring; female adaptor ring	Druckring *(m)*; Sattelring *(m)*
female thread; internal thread	Innengewinde *(n)*
ferrite	Ferrit *(n)*
ferritic steel	ferritischer Stahl *(m)*
fibre elongation	Faserreckung *(f)*
fibrous fracture	faseriger Bruch *(m)*; Holzfaserbruch *(m)*
field assembly	Baustellenmontage *(f)*
field-erected	baustellenmontiert
field-erection tolerances *(pl)*	Baustellen-Montagetoleranzen *(f, pl)*
field fabrication inspection; in-process inspection on site	Bauprüfung *(f)* [Baustellenüberwachung]
field inspection	Abnahme *(f)* auf der Baustelle
field inspection [pipeline]	Feldbesichtigung *(f)* [Rohrstrecke]
field tube	Doppelrohr *(n)*; eingestecktes Doppelrohr *(n)* [Apparatebau]
field-tube heat exchanger	Doppelrohrwärmetauscher *(m)*; Wärmeaustauscher *(m)* mit eingestecktem Doppelrohr
filament wound	fadengewickelt [V] [Rohr]

filament wound reinforcement

filament wound reinforcement	Verstärkung *(f)*, in Wickeltechnik hergestellte ...
filler metal	Schweißzusatzwerkstoff *(m)*; Zusatzwerkstoff *(m)*
filler plate	Futterblech *(n)* [Träger]
filler rod; welding rod	Stabelektrode *(f)*
filler wire; welding wire	Schweißdraht *(m)*
fillet radius	Kehlhalbmesser *(m)*
fillet radius relief	Hinterdrehung *(f)* des Kehlhalbmessers; Kehlhalbmesser-Hinterdrehung *(f)*
fillet weld	Kehlnaht *(f)*
fillet welded side bar	kehlnahtgeschweißter Streifen *(m)* [bei Verwendung einer Spannhülse im Rohrleitungsbau; Längsnaht durch Auflegen eines kehlnahtgeschweißten Streifens]
filling height [tank]	Füllhöhe *(f)* [Tank]
filling operations *(pl)*	Füllbetrieb *(m)*
fill nozzle [tank]	Füllstutzen *(m)* [Tank]
film base density [radiog.]	Schichtträgerschwärzung *(f)* [Durchstrahlungsprüfung]
film boiling	Filmverdampfung *(f)*; Filmsieden *(m)*
film marker interval [radiog.]	Abstand *(m)* der Markierungen in der Filmebene [Durchstrahlungsprüfung]
film(-type) condensation	Filmkondensation *(f)*
fin	Rippe *(f)*
final boiling point	Siedeende *(n)*
final closure weld	Decklagennaht *(f)* [z. B. durch Metallschutzgasschweißen hergestellt]
final dimensions *(pl)*	Endmaße *(n, pl)*
final direction of the plate rolling	Endwalzrichtung *(f)* des Bleches
final expanding [tube]	Festwalzen *(n)* [Rohre]
final heat treatment	End-Wärmebehandlung *(f)*
final inspection	Bauprüfung *(f)* [durch Kunde/Technischen Überwachungsverein (TÜV)]
final temper bead reinforcement [weld]	Vergütungsdecklage *(f)* [überhöht; Schweißnaht]
final thickness	ausgeführte Dicke *(f)*
final tube expansion; expand ratio	Haftaufweitung *(f)* [Rohr; nach dem Einwalzen]
final weld surface	Decknahtoberfläche *(f)*
fine crack transfer mark	Brandrißmarkierung *(f)* [Walzfehler]
fin effectiveness; extended surface effectiveness [heat exchanger]	Rippenwirkungsgrad *(n)* [Wärmetauscher]
fine-grained region	Feinkornzone *(f)*
fine-grained steel	Feinkornstahl *(m)*
fingertip test	Fingertupfprobe *(f)*
finished dimension	Fertigmaß *(n)*
finished height of face	Dichtflächen-Fertighöhe *(f)*
finned-tube heat exchanger; tube-fin heat exchanger	Rippenrohr-Wärmeaustauscher *(m)*
fin surfaces *(pl)*	Rippenflächen *(f, pl)*
fin-tube; extended-surface tube	Rippenrohr *(n)*

flange bolting (material)

first bead to the second side [weld]	erste Gegenlage (f) [Schweißnaht]
first surface bend test	Biegeversuch (m) mit der ersten Oberfläche im Zug
fishtail formation	Fischschwanzbildung (f) [beim Walzen]
fitting	Rohrformstück (n); Fitting (n)
fixed beam	eingespannter Balken (m)
fixed bearing ring	Festlagerring (m)
fixed-roof tank	Festdachtank (m)
fixed tubesheet heat exchanger	Wärmeaustauscher (m) mit festem Rohrboden; Festkopfrohrboden-Wärmeaustauscher (m)
flake cracks (pl); flakes (pl)	Flockenrisse (f, pl)
flange [v]	bördeln; umbördeln; anflanschen [V]
flange [UK]; skirt [US] [end/head]	Bord (m) [Boden]
flange	Flansch (m)
flange, counter ...	Gegenflansch (m)
flange, flat face ...	glatter Flansch (m)
flange, full-faced ...	glatter Flansch (m)
flange, girth ...	Behälterflansch (m)
flange, hanger ...	Aufhängeflansch (m)
flange, hub(bed) ...	Flansch (m) mit Ansatz
flange, inlet ...	Eintrittsflansch (m)
flange, integral(-type) ...	fester Flansch (m); Festflansch (m)
flange, lap-joint ...	Flansch (m) mit Bund
flange, lap-joint ... with welding stub	loser Flansch (m) mit Vorschweißbund
flange, locating ...	Festpunkt-Flansch (m)
flange, loose-type ...	loser Flansch (m); Überschiebflansch (m)
flange, loose-type hubbed ...	loser Flansch (m) mit Ansatz
flange, mating ...	Gegenflansch (m)
flange, narrow-faced ...	Flansch (m) mit schmaler Dichtfläche
flange, orifice ...	Meßscheibenflansch (m)
flange, raised-face ...	Flansch (m) mit vorspringender Arbeitsleiste
flange, retained gasketed ...	Flansch (m) mit Eindrehung zur Aufnahme der Dichtung
flange, reverse ...	innenliegender Flansch (m)
flange, ring-joint ...	Flansch (m) mit Ringnut
flange, rotatable ...	Drehflansch (m)
flange, rotating ...	Drehflansch (m)
flange, screwed ...	Gewindeflansch (m)
flange, slip-on ...	loser Flansch (m); Überschiebflansch (m)
flange, socket ...	Aufsteckflansch (m) [mit eingedrehtem Absatz]
flange, taper hub ...	Flansch (m) mit konischen Ansatz
flange, ungasketed seal welded ...	Flansch (m) ohne Dichtung mit Dichtschweißung [Schweißlippendichtung]; dichtungsloser dichtgeschweißter Flansch (m)
flange, welding-neck ...	Vorschweißflansch (m)
flange attachment	Flanschbefestigung (f)
flange bearing	Flanschauflagefläche (f); Flanschauflager (n)
flange bearing with stop	Flanschauflager (n) mit Anschlag
flange bolt holes (pl)	Flanschschraubenlöcher (n, pl)
flange bolting (material)	Flanschverschraubung (f) [als Verbindungsteile]

flanged end (plate)

flanged end (plate) [UK]; flanged head [US]	Krempenboden *(m)*; gekrempter Boden *(m)*
flange design bolt load	berechnete Schraubenkraft *(f)* der Flanschverbindung
flange dimensions *(pl)*	Flanschabmessungen *(m, pl)*
flanged inward [UK] [v]	eingehalst [V]
flange distortion	Flanschverformung *(f)*
flanged pipe end	gebördeltes Rohrende *(n)*
flanged roof-to-shell detail [tank]	gebördelte Dach-/Mantelausführung *(f)* [Tank]
flanged tubesheet	gekrempter Rohrboden *(m)*
flange edge	Flanschkante *(f)*
flange face; flange facing	Dichtfläche *(f)*; Stirnfläche *(f)* [wenn keine Dichtleiste vorhanden – Dichtfläche = Stirnfläche]; Arbeitsleiste *(f)*
flange facing finish	Dichtflächenendzustand *(m)*
flange hub	Flansch-Ansatz *(m)*
flange rating	Flanschbemessung *(f)*
flange seal	Flanschdichtung *(f)*
flange sealing groove	Dichtungsrille *(f)* [Flansch]
flare [v]	bördeln; aufweiten; aufdornen [V]
flare angle	Bördelwinkel *(m)*
flared [v]	aufgebördelt [V]
flared joint; flare fitting; flare coupling	Bördelverbindung *(f)*; Bördelverschraubung *(f)*
flared lap	durch Bördelung hergestellter Bund *(m)*; umgebördelter Bund *(m)*
flared nipple	Übergangsnippel *(m)* mit Bördel
flared pipe end	aufgeweitetes Rohrende *(n)*
flare fitting; flared joint; flare coupling	Bördelverbindung *(f)*; Bördelverschraubung *(f)*
flareless	ohne Aufbördelung *(f)*; bördellos
flareless joint; non-flared fitting	bördellose Rohrverbindung *(f)*
flaring	Aufweiten *(n)* [Rohrenden]; Aufdornung *(f)*; Bördelung *(f)*
flash [gen.]	Blitz *(m)*; Aufblitzen *(n)*; Grat *(m)* [allg.]
flash [flash welding]	Grat *(m)* [Abbrennstumpfschweißen]
flash-butt-weld connection	Abbrennstumpfschweißverbindung *(f)*
flash (butt) welding	Abbrennstumpfschweißen *(n)*
flash (evaporation)	stoßartige Teilverdampfung *(f)* [durch Druckabsenkung unter den Sättigungsdruck]
flashing	Kondensationsschläge *(m, pl)* [entstehen, wenn ein heißes Medium auf ein kaltes Rohr trifft]
flash removal	Entgraten *(n)* [Abbrennstumpfschweißen]
flat bottom hole	Flachbodenloch *(n)*; Flachbodenbohrung *(f)*
flat bottom tank	Flachbodentank *(m)*
flat concave style construction [insulation]	Kalottenschnitt *(m)* [Isolierung]
flat end (plate) [UK]; flat head [US]	ebener Boden *(m)*

flat face [flange]	Dichtfläche *(f)* ohne Arbeitsleiste; glatte Dichtfläche *(f)* [Flansch]
flat face flange; full-faced flange	glatter Flansch *(m)*
flat head [US]; flat end (plate) [UK]	ebener Boden *(m)*
flat metal-jacketed gasket	blechummantelte Flachdichtung *(f)*
flattening	Abplattung *(f)*
flattening test	Ringfaltversuch *(m)*
flat tensile fracture	Zugbruch *(m)* mit ebener Bruchfläche
flaw; imperfection	Fehler *(m)*; Unganze *(f)* [Oberflächengüte]
flaw depth	Fehlertiefe *(f)*
flaw detection [ultras.]	Fehlerortung *(f)* [US-Prüfung]
flaw detection sensitivity [ultras.]	Fehlernachweis-Empfindlichkeit *(f)* [US-Prüfung]
flaw due to external contour [ultras.]	formbedingter Fehler *(m)* [US-Prüfung]
flaw echo [ultras.]	Fehlerecho *(n)* [US-Prüfung]
flaw indication	Fehleranzeige *(f)*
flaw location	Fehlerort *(m)*
flaw size determination	Fehlergrößenbestimmung *(f)*
flexibility [gen.]	Dehnbarkeit *(f)*; Biegsamkeit *(f)*; Beweglichkeit *(f)*; Elastizität *(f)* [allg.]
flexibility [pipe]	Elastizität *(f)* [Rohrleitung]
flexibility analysis [pipe]	Elastizitätsberechnung *(f)* [Rohrleitung]
flexible hose	Wellschlauch *(m)*
flexible metallic tube; metal hose	Metallschlauch *(m)*
flexural efficiency	Durchbiegungsvermögen *(n)*
flexural resistance; flexural strength [steel construction]	Biegefestigkeit *(f)* [Stahlbau]
flexure stress	Biegespannung *(f)*
floating hanger rod	pendelnd angeordneter Zuganker *(m)*
floating head [heat exchanger]	Schwimmkopf *(m)* [Wärmeaustauscher]
floating head cover	Schwimmkopf-Deckel *(m)*
floating head flange	Schwimmkopf-Flansch *(m)*
floating head with backing device	Schwimmkopf *(m)* mit Gegenhalter
floating-roof tank	Schwimmdachtank *(m)*
floating section [pipe]	schwimmender Rohrleitungsabschnitt *(m)*
floating tubesheet	Schwimmkopf-Rohrboden *(m)*
floating tubesheet, externally sealed ...	Schwimmkopf-Rohrboden *(m)*, außen abgedichteter ...
floating tubesheet skirt	Bord *(m)* des Schwimmkopf-Rohrbodens; Schwimmkopf-Rohrboden-Bord *(m)*
floor drain [tank]	Bodenentwässerung *(f)* [Tank]
flow [gen.]	Fließen *(n)*; Fluß *(m)*; Strömung *(f)*; Durchströmung *(f)*; Durchfluß *(m)*; Durchsatz *(m)* [allg.]
flow capacity; flow rating; valve rating	Durchflußkapazität *(f)*; Ventilkapazität *(f)*; Durchsatz *(m)*
flow cross-section	Strömungsquerschnitt *(m)*
flow diagram	Strömungsdiagramm *(n)*
flow diameter	Strömungsdurchmesser *(m)*
flow dividing	Stromteilung *(f)*
flow efficiency drop; drop in flow efficiency	Durchflußleistungsabfall *(m)*

flow-induced tube vibrations (pl) | strömungsinduzierte Rohrschwingungen (f, pl) [siehe unter: ,,buffeting", ,,galloping", ,,resonant buffeting", ,,wake buffeting" ,,wake galloping", ,,whirling"]
[also see: "buffeting", "galloping", "resonant buffeting", "wake buffeting", "wake galloping", "whirling"]
flowing viscosity | Fließviskosität (f)
flow-limiting valve; excess flow valve | Strombegrenzungsventil (n); Strömungswächter (m)
flowmeter | Strommesser (m); Durchflußmengenmesser (m); Durchflußmesser (m)
flow monitor | Durchflußwächter (m)
flow pattern | Strömungsbild (n)
flow rate | Durchflußmenge (f); Förderstrom (m)
flow rating; flow capacity; valve rating | Durchflußkapazität (f); Ventilkapazität (f); Durchsatz (m)
flow reactive forces (pl) | Reaktionskräfte (f, pl) der Strömung; Strömungs-Reaktionskräfte (f, pl)
flow resistance | Strömungswiderstand (m)
flow restrictor | Durchflußdrossel (f); Drosselblende (f) im Rohrsystem
flow reversal | Strömungsumkehr (f)
flow scattering | Strömungsausbreitung (f) [bei erzwungener Querströmung]
flow sweeping | Strömungsablenkung (f) [bei erzwungener Querströmung infolge von z. B. Spiralnuten, Abstandshaltern und Endplatten in Wärmeaustauschern]
flow transients (pl) | Strömungstransienten (m, pl)
fluctuating temperature gradients (pl) | schwellende Temperaturgefälle (n, pl)
fluctuating tension stress ranges (pl) | schwankende Zugspannungs-Schwingbreiten (f, pl)
flued flange | ausgehalster Bord (m)
flued opening | ausgehalster Ausschnitt (m)
fluid [gen.] | Fluid (n); Medium (n); Flüssigkeit (f) [allgemeine Bezeichnung für strömende Flüssigkeiten oder Gas]
fluid friction | Flüssigkeitsreibung (f)
fluid friction loss | Reibungsdruckverlust (m) [eines Wasser/Dampfgemisches]
flush gas; bleed gas; purge gas; purging gas | Spülgas (n)
flush-type cleanout fitting [tank] | bodengleiche Reinigungsarmatur (f) [Tank]
fluted tube | Rohr (n) mit profilierter Oberfläche
flux [welding] | Schweißpulver (n); Flußmittel (n)
flux backing [submerged-arc welding] | Schweißpulverabstützung (f); Pulverbett (n) [von unten; UP-Schweißen]
flux blanket [welding] | Fülldraht-Lichtbogenschweißen (f)
flux-cored arc welding; FCAW | Fülldrahtelektrode (f)
flux-cored electrode | Metall-Lichtbogenschweißen (n) mit Fülldrahtelektrode
flux-cored metal-arc welding |
flux damming [submerged-arc welding] | Schweißpulverabstützung (f) [seitlich; UP-Schweißen]

fracture transition elastic temperature

flux inclusions *(pl)* [weld imperfection]	Flußmitteleinschlüsse *(m, pl)* [scharfkantiger Schlackeneinschluß im Schweißgut; Nahtfehler]
flux shielding	Flußmittelschutz *(m)*
flux support [submerged-arc welding]	Schweißpulverabstützung *(f)* [vorlaufend; UP-Schweißen]
FMEA; failure mode and effects analysis	Ausfallarten- und Ausfallauswirkungsanalyse *(f)*
FMECA; failure mode, effects and criticality analysis	Ausfallarten-, Ausfallauswirkungs- und Ausfallbedeutungsanalyse *(f)*
focus-to-film distance; source-to-film distance [radiog.]	Abstand *(m)* Strahlenquelle-Film [Durchstrahlungsprüfung]
fog [radiog.]	Schleier *(m)* [Durchstrahlungsprüfung]
fog density [radiogr.]	Schleierschwärzung *(f)* [Durchstrahlungsprüfung]
footage of welds *(pl)*	Nahtlänge *(f)*
force application	Krafteinleitung *(f)*
forced convection	erzwungene Konvektion *(f)*
force fit	Preßsitz *(m)*
forehand welding	Nachlinksschweißen *(n)*
forging	Schmiedestück *(n)* [Bauteil]; Schmieden *(n)* [Vorgang]
forging crack	Schmiederiß *(m)*
forging laps *(pl)*	Schmiedeüberlappungen *(f, pl)*
foul [v] [heat exchanger]	verschmutzen [V] [Wärmeaustauscher]
foul [v] [pipe]	kollidieren; zusammenstoßen [V] [Rohrleitung]
fouling [heat exchanger]	Verschmutzung *(f)*; Fouling *(n)* [Wärmeaustauscher]
fouling [pipe]	Kollision *(f)*; Zusammenstoß *(m)* [Rohrleitung]
fouling allowance	Verschmutzungszuschlag *(m)*
fouling resistance	Wärmeüberganswiderstand *(m)*; Verschmutzungswiderstand *(m)*
foundation	Fundament *(n)*; Bettung *(f)*; Gründung *(f)*
foundation anchorage	Fundamentverankerung *(f)*
foundation bolt	Fundamentschraube *(f)*
foundation pier [tank]	Gründungspfeiler *(m)* [Tank]
foundation retaining wall [tank]	fundamentartige Stauwand *(f)* [Tank]
fractionating columns *(pl)*	Destillationstürme *(m, pl)*
fractography	Fraktographie *(f)*; Bruchflächenkunde *(f)*
fracture	Bruch *(m)*
fracture analysis diagram; FAD	Pellini-Diagramm *(n)*; Bruchanlaysendiagramm *(n)*
fracture appearance; character of fracture; appearance of fracture	Bruchaussehen *(n)*
fracture initiation	Brucheinleitung *(f)*
fracture toughness	Bruchzähigkeit *(f)*
fracture transition elastic temperature; FTE temperature	FTE-Temperatur *(f)* [höchste Temperatur, bei welcher bei Anliegen einer der Streckgrenze entsprechenden Spannung Rißwachstum auftritt]

fracture transition plastic temperature

fracture transition plastic temperature; FTP temperature	FTP-Temperatur *(f)* [Temperatur oberhalb der reine Scherbrüche auftreten und die dazu erforderliche Spannung ungefähr der Reißfestigkeit entspricht]
free air	atmosphärische Luft *(f)*; Luft *(f)* im Ansaugungszustand; Außenluft *(f)*
free area at disc	freier Kreisquerschnitt *(m)* [bei Kreisscheiben- und -ring-Anordnung in Wärmeaustauschern]
free area at doughtnut	freier Ringquerschnitt *(m)* [bei Kreisscheiben- und -ring-Anordung in Wärmeaustauschern]
freeboard [sloshing; tank]	Amplitude *(f)* der Spiegelschwingungen; Spiegelschwingungsamplitude *(f)* [beim Schwappen der Flüssigkeit im Tank]
freeboard [vessel; tank]	Freiraum *(m)* [Behälter; Tank]
fretting corrosion	Reiboxydation *(f)* [mit Korrosion verbundenes Fressen von aufeinandergleitenden Flächen fester Körper]
friction	Reibung *(f)*
frictional force	Reibungskraft *(f)*
frictional resistance	Reibungswiderstand *(m)*
frictional resistance to movement	Reibungswiderstand *(m)*, der Bewegung entgegengesetzter ...
friction factor, Fanning ...	Widerstandsbeiwert *(m)* [dimensionsloser, den Strömungswiderstand beschreibende Kennzahl; nach Fanning]
friction losses *(pl)*	Reibungsverluste *(m, pl)*
friction welding	Reibschweißen *(n)*
front end stationary head [heat exchanger]	fester Stirnboden *(m)* [Wärmeaustauscher]
front face of tubesheet	Stirnfläche *(f)* des Rohrbodens; Rohrbodenstirnfläche *(f)*
frothover [tank]	kontinuierliches Überschäumen *(n)* relativ kleiner Flüssigkeitsmengen; Frothover *(m)* [führt zum „Boilover" bei Tankbränden; siehe: „boilover"]
full-faced flange; flat face flange	glatter Flansch *(m)*
full-faced gasket	vollflächige Dichtung *(f)*
full fillet weld	Vollkehlnaht *(f)*
full-lift safety valve	Vollhub-Sicherheitsventil *(n)*
full-lift spring compression	voller Hub *(m)* beim Zusammendrücken der Feder [Ventil]
full-opening pop action [valve]	schlagartiges Öffnen *(n)*; schlagartiger Übergang *(m)* in die voll geöffnete Stellung [Ventil]
full-range pressure cycles *(pl)*	Druckzyklen *(m, pl)* über die volle Schwingbreite
full roof travel [tank]	volle Bewegung *(f)* des Daches [Tank]
full-size specimen	Vollmaßprobe *(f)*
full strength connection	volltragender Anschluß *(m)*
full-strength weld	volltragende Naht *(f)*

full sweep [ultras.]	volle Zeitablenkung *(f)* [US-Prüfung]
full vacuum	Hochvakuum *(n)*
full yield	plastische Verformung *(f)* [des tragenden Ligaments] durch Fließen
fully retained gasketed flange	Flansch *(m)* mit Eindrehung zum Einlegen der Dichtung
fundamental mode sloshing [tank]	Grundschwingung *(f)* durch Oberflächeneffekte der Flüssigkeit [Tank]
furnace butt welded pipe	stumpf feuergeschweißtes Rohr *(n)*
fusible insert [welding]	abschmelzende Einlage *(f)* [Schweißen]
fusible plug	Schmelzstopfen *(m)*
fusing metal retainer	abschmelzende metallische Schweißbadsicherung *(f)*
fusion face [welding]	Fugenflanke *(f)*; Flanke *(f)*; Schweißkante *(f)* [Schweißen]
fusion line; boundary line [welding]	Schmelzlinie *(f)*; Schmelzgrenze *(f)*; Verschmelzungslinie *(f)* [mit dem Grundwerkstoff; Schweißen]
fusion weld	Schmelzschweißnaht *(f)*
fusion zone [welding]	Mischzone *(f)*; Diffusionszone *(f)*; Mischungszone *(f)* [Zone des aufgeschmolzenen Grundwerkstoffes; Schweißen]

galling

G

galling	Abreiben *(n)*; Fressen *(n)* [Verschleiß]
galloping	Galloping *(n)*; Formanregung *(f)* bewegungsinduzierter Schwingungen; Flattern *(n)* [Eigenbewegung der Rohre, die zu destabilisierenden Veränderungen des Quertriebsbeiwerts (senkrecht zu Strömungsrichtung) führt; Grundtyp selbsterregter fluidelastischer Schwingungen]
gap scanning; non-contact scanning [ultras.]	berührungslose Prüfung *(f)* [US-Prüfung]
gas backing	Gasschutz *(m)* der Nahtwurzel
gas binding	Stauung *(f)* von Gas
gas blanket; gas cushion	Gaspolster *(n)* [Behälter]
gas blanketing	Gasschutzvorlage *(f)* [Aufbringen eines Gaspolsters]
gas cavity [weld imperfection]	Gaseinschluß *(m)* [gasgefüllter Hohlraum im Schweißgut, im Schweißnahtübergang oder in der Wärmeeinflußzone (WEZ); Nahtfehler]
gas cushion; gas blanket	Gaspolster *(n)* [Behälter]
gas discharge colour method	Lecksuche *(f)* mit Geißlerrohr
gas flow	Gasstrom *(m)*
gasket	Dichtung *(f)*
gasket, grooved metal ...	Kammprofildichtung *(f)*
gasket bearing width	Auflagerbreite *(f)* der Dichtung; Dichtungsauflagerbreite *(f)*
gasket contact area to be seated	vorzuverformende Kontaktfläche *(f)* der Dichtung
gasket contact face	Auflagefläche *(f)* der Dichtung; Dichtungsauflagefläche *(f)*
gasket factor	Dichtungsbeiwert *(m)* [zur Berechnung der Dichtungskraft; Betriebszustand]
gasket load reaction	Dichtungskraft *(f)*
gasket moment arm	Hebelarm *(m)* der Dichtung; Dichtungshebelarm *(m)*
gasket pitch diameter	Teilkreisdurchmesser *(m)* der Dichtung; Dichtungsteilkreisdurchmesser *(m)*
gasket retaining ring	Dichtungshaltering *(m)*
gasket ring; packing ring; sealing ring	Dichtungsring *(m)*
gasket seal; crush seal; compression seal	Preßdichtung *(f)*
gasket seating	Vorverformung *(f)* der Dichtung; Dichtungsvorverformung *(f)*
gasket seating load	Vorverformungskraft *(f)* der Dichtung; Dichtungsvorverformungskraft *(f)*
gasket seating surface	Sitzfläche *(f)* der Dichtung; Dichtungssitzfläche *(f)*
gasket seating width	Dichtungssitzbreite *(f)*
gasket seating width, effective ...	Dichtungswirkbreite *(f)*; Wirkbreite *(f)* der Dichtung
gasket web	Dichtungssteg *(m)*
gasless welding	gasloses Schweißen *(f)*

gas mass flow rate	Gasmassenstrom *(m)*
gas-metal arc spot welding	Schutzgas-Lichtbogenpunktschweißen *(n)*
gas metal-arc welding; GMAW [US]; MIG welding; metal inert gas welding [UK]	Schutzgas-Metall-Lichtbogenschweißen *(n)*; MIG-Schweißen *(n)*
gas occlusion	Gaseinschluß *(m)*
gas pipeline	Gasfernleitung *(f)*
gas pore [weld imperfection]	Gaspore *(f)* [kugelartiger Gaseinschluß; Nahtfehler]
gas-shielded arc welding	Schutzgasschweißen *(n)*
gas tungsten arc welding; GTAW [US]; TIG welding; tungsten inert gas welding [UK]	Schutzgas-Wolfram-Lichtbogenschweißen *(n)*; WIG-Schweißen *(n)*; Wolfram-Inertgas-Schweißen *(n)*; Wolfram-Schutzgas-Schweißen *(n)*
gate; rejection level [NDE]	Zurückweisungslevel *(m)* [zerstörungsfreie Prüfung (ZfP)]
gate valve	Schieber *(m)* [Ventil]
gate valve, lever-lifting type ...	Schieber *(m)*, mit Hebel angehobener ...
general thermal stress	allgemeine Wärmespannung *(f)*
general yielding	vollplastisches Fließen *(n)*
generator [mathematics]	Mantellinie *(f)* [Mathematik]
generator length	Länge *(f)* der Mantellinie; Mantellinienlänge *(f)*
geometrical discontinuity	geometrische Unstetigkeit *(f)*; geometrische Störstelle *(f)*; geometrische Diskontinuität *(f)*; geometrische Werkstofftrennung *(f)*
geometric stress; hot spot stress	Strukturspannung *(f)* [an Schweißstößen unmittelbar vor der Nahtübergangskerbe bzw. Nahtendkerbe meßbare Spannung; weitgehend identisch mit der an dieser Stelle nach den technischen Tragwerktheorien – ohne Berücksichtigung der Kerbwirkung – errechenbare Oberflächenspannung]
geysering	Geysireffekt *(m)* [Teilverdampfung einer Flüssigkeit im Sättigungszustand bei schlagartiger Druckenlastung]
gimbal expansion joint	Rohrgelenkstück *(n)*; Rohrgelenkkompensator *(m)* [Angularkompensator mit Kardan-Rohrgelenkstücken anstelle von zwei Gelenksystemen; zur räumlichen Dehnungsaufnahme]
gimbal-mounted	kardanisch gelagert
girder; beam [gen.]	Träger *(m)*; Balken *(m)*; Walzprofilträger *(m)* [allg.]
girth flange	Behälterflansch *(m)*
girth weld [US]; circumferential weld [UK]	Rundnaht *(f)*; Umfangsnaht *(f)*; Umfangsschweißung *(f)*
gland; stuffing box; packing box; packed gland	Stopfbuchse *(f)*
gland bolt	Stopfbuchsschraube *(f)*
gland bolting	Stopfbuchsverschraubung *(f)*
gland flange	Stopfbuchsbrille *(f)*
gland follower	Stopfbuchsring *(m)*

glandless

glandless; packless	stopfbuchslos
glandless valve; packless valve	stopfbuchsloses Ventil *(n)*
gland nut	Stopfbuchsmutter *(f)*
gland packing	Stopfbuchspackung *(f)*
glassed steel vessel	emaillierter Stahlbehälter *(m)*
glide region, easy- . . . [metal structure]	Mehrfachgleitung *(f)* in allen Körnern, Bereich mit . . . [Bereichseinteilung polykristalliner Metalle bei plastischer Verformung; Gleitlinienlänge gleich dem Korndurchmesser]
globe valve	Durchgangsventil *(n)*; Niederschraubventil *(n)*
globe valve, straight-run . . .	Durchgangsventil *(n)* mit geradem Durchgang; Niederschraubventil *(n)* mit geradem Durchgang
globe valve, straightway Y-type . . .	Durchgangsventil *(n)* in Y-Ausführung; Niederschraubventil *(n)* in Y-Ausführung
globular arc	Tropfenlichtbogen *(m)*
globular transfer	tropfenförmiger Werkstoffübergang *(m)*
GMAW; gas metal arc welding [US]; MIG welding; metal inert gas welding [UK]	Schutzgas-Metall-Lichtbogenschweißen *(n)*; MIG-Schweißen *(n)*
go-devil; ball(-shaped) scraper; spherical pig	Kugelmolch *(m)*; Trennkugel *(f)*
gouging	Fugenhobeln *(n)*
grain boundaries *(pl)*	Korngrenzen *(f, pl)*
grain boundary attack	Korngrenzenangriff *(m)*
grain boundary liquation	Korngrenzenseigerung *(f)*
grain boundary precipitation	Korngrenzenausscheidung *(f)*
grain boundary voids *(pl)*	Hohlräume *(m, pl)* an den Korngrenzen
grain coarsening	Kornvergröberung *(f)*
grain growth	Grobkornbildung *(f)*; Kornwachstum *(n)*
grain refinement	Kornverfeinerung *(f)*
grain refinement heating; core refining	Kernrückfeinen *(n)* [kornverfeinernde Wärmebehandlung]
grain size	Korngröße *(f)*
grain structure	Korngefüge *(n)*
granular bainite nose	Zwischenstufennase *(f)* [Bainitgefüge in der Zwischenumwandlungsstufe]
grass [background noise; ultras.]	Echogras *(n)* [US-Prüfung]
gray cast iron; grey cast iron; lamellar-graphite cast iron	Gußeisen *(n)* mit Lamellengraphit; Lamellengraphit-Gußeisen *(n)*
grid [gen.]	Gitter *(n)*; Raster *(n)*; Netz *(n)* [allg.]
grid lines *(pl)* [ultras.]	Rasterlinien *(f, pl)* [US-Prüfung]
grid-pattern examination [ultras.]	Rasterprüfung *(f)* [US-Prüfung]
grid scanning [ultras.]	Abtasten *(n)* in Rasterform [US-Prüfung]
grinding mark [weld imperfection]	Schleifkerbe *(f)* [örtlich beschädigte Oberfläche durch unsachgemäßes Schleifen; Nahtfehler]
grip	Einspannung *(f)* [bei Zugversuch z. B.]
groove [gen.]	Fuge *(f)*; Riefe *(f)*; Nut *(f)* [allg.]
groove [welding]	Nahtfuge *(f)* [Schweißen]
grooved flat head [US]; grooved flat end [UK]	Nutboden *(m)*

grooved metal gasket	Kammprofildichtung *(f)*
grooved pipe end	genutetes Rohrende *(n)*
grooved ring	Nutring *(m)*
groove to reduce stress concentration; relief groove	Entlastungsnut *(f)* [Boden]
groove weld	Fugennaht *(f)*
grooving	Nutung *(f)*
gross crushing	übermäßiges Quetschen *(n)*
gross plastic deformation	übermäßige plastische Verformung *(f)*
gross porosity at the toe [weld imperfection]	schwammiges Schweißgut *(n)* in der Decklage [Nahtfehler]
gross porosity in the root [weld imperfection]	schwammiges Schweißgut *(n)* in der Wurzellage [Nahtfehler]
gross section yielding	allgemeines Fließen *(n)*
gross structural discontinuity	allgemeine Strukturdiskontinuität *(f)*; umfassende Störstelle *(f)*; strukturelle Gesamtdiskontinuität *(f)*; strukturelle Unstetigkeit *(f)*
growth-controlled fracture	wachstumskontrollierte Bruchausbreitung *(f)*
GTAW; gas tungsten-arc welding [US]; TIG welding; tungsten inert gas welding [UK]	Schutzgas-Wolfram-Lichtbogenschweißen *(n)*; WIG-Schweißen *(n)*; Wolfram-Inertgas-Schweißen *(n)*; Wolfram-Schutzgas-Schweißen *(n)*
guide	Führungslager *(n)* [bei Kompensatoren]
guide bushing; guide sleeve	Führungshülse *(f)*
guided point	Führungspunkt *(m)*
guide funnel	Führungstrichter *(m)*
guide pole; guide rod	Führungsstange *(f)*
guide roller	Führungsrolle *(f)*
guide sleeve; guide bushing	Führungshülse *(f)*
guide sleeve, internal . . . [expansion joint]	inneres Leitrohr *(n)* [Kompensator]
guide wedge	Führungskeil *(m)*
guiding accuracy	Führungsgenauigkeit *(f)*
guiding pin	Führungsstift *(m)*
gusset	Anschluß *(m)*; Zwickel *(m)*; Knoten *(m)*
gusseted elbow; segmental bend	Segmentkrümmer *(m)*
gusset plate	Knotenblech *(n)*; Eckblech *(n)*
gusset stay	Blechanker *(m)*; Eckverstrebung *(f)*
gust factor [tank]	Böenfaktor *(m)* [Tank]

H

hair-line crack; capillary crack	Haarriß *(m)*
hair-pin coil (element)	Haarnadelrohr *(n)* [Rohrschlange]
hair-pin heat exchanger	Haarnadel-Wärmeaustauscher *(m)*; Haarnadel-Wärmeübertrager *(m)*; Wärmeaustauscher *(m)* in Haarnadelausführung
half bead technique; temper bead welding	Vergütungslagentechnik *(f)*; Vergütungslagen-Schweißen *(n)*
half bead weld repair and weld temper bead reinforcement technique [the initial layer of weld metal is deposited over the entire area to be repair-welded and approximately one-half the thickness of this layer is removed by grinding before depositing subsequent layers. The subsequent layers are deposited in such a manner as to assure tempering of the prior weld beads and their HAZs. A final temper bead weld is then applied to a level above the surface being repaired without contracting the base material, but close enough to the edge of the underlying weld bead to assure tempering of the base metal HAZ. The final temper bead reinforcement is then removed substantially flush with the surface of the base material]	Vergütungslagentechnik *(f)* mittels Ausbesserungsschweißen [Die erste Schweißgutlage wird über dem gesamten auszubessernden Bereich eingebracht, und ungefähr die Hälfte der Dicke dieser Lage wird durch Schleifen vor dem Einbringen der nachfolgenden Lagen entfernt. Die nachfolgenden Lagen werden so eingebracht, daß ein Vergüten der darunterliegenden Lagen und deren WEZ gewährleistet ist. Die Vergütungsdecklage wird auf eine über der auszubessernden Oberfläche liegenden Höhe eingebracht, ohne daß sie mit dem Grundwerkstoff in Berührung kommt, aber nahe genug an der Kante der darunterliegenden Lage liegt, um ein Vergüten des Grundwerkstoffs zu gewährleisten. Die Vergütungsdecklagenüberhöhung wird dann so entfernt, daß sie im wesentlichen bündig mit der Oberfläche des Grundwerkstoffs abschließt]
halide (leak) detector; halogen (sensitive) leak detector	Halogenanzeigegerät *(n)*; Halogenlecksuchgerät *(n)*; Halogenlecksucher *(m)*
halide leak test	Halogen-Dichtheitsprüfung *(f)*
halogen diode detector testing	Prüfung *(f)* mittels Halogendiodendetektor
halogen sniffer test	Halogen-Schnüffeltest *(m)*
hammering [valve]	Hämmern *(n)* [Ventil]
Hammond tubeseal [tank]	Hammond-Schwimmdachabdichtung *(f)*; Schwimmdachdichtung „tubeseal" *(f)* nach Hammond; Tubeseal-Schwimmdachabdichtung *(f)* nach Hammond [Dichtungsart (Tankbau); Dichtungsschürze, bei der der Dichtungsschlauch mit Flüssigkeit gefüllt ist. Der hydrostatitische Druck bewirkt das Anpressen der Dichtungsschürze]
hand lay-up joint; laid-up joint	handaufgelegte Verbindung *(f)*
hand lay-up moulding	handaufgelegtes Pressen *(n)*
handwheel [gen.]	Handrad *(n)* [allg.]
handwheel [valve]	Handantrieb *(m)* [Ventil]
handwheel retainer	Handradhalter *(m)*
hanger	Aufhängeeisen *(n)*; Hängevorrichtung *(f)*; Rohrhänger *(m)*
hanger flange	Aufhängeflansch *(m)*

head, torispherical . . .

hanger rod	Aufhängestange *(f)* [als Traganker]; Gestänge *(n)*; Hängestange *(f)*
hanging type fixture	Hängewerk *(n)*
hangup; virtual leak [leak test]	scheinbarer Fehler *(m)*; scheinbares Leck *(n)*; virtuelles Leck *(n)* [entsteht durch langsames Entweichen von absorbiertem oder eingeschlossenem Spürgas; Dichtheitsprüfung]
hardenability	Aufhärtbarkeit *(f)*
hard-faced layer	Hartauftragsschicht *(f)*
hard facing; hard surfacing [operation]	Schweißpanzern *(n)*; Aufpanzerung *(f)*; Hartauftragsschweißen *(n)* [Vorgang]
hard-facing weld metal overlay	Hartauftragsschweißung *(f)*
hardness increase	Aufhärtung *(f)* [nach dem Härten]
hardness survey; hardness test(ing)	Härteprüfung *(f)*
hardness traverse	Härteverlauf *(m)*
hard spot	örtliche Aufhärtung *(f)*
hard stamping	Stempelung *(f)* mit Metallstempel
hard surfacing; hard facing [operation]	Aufpanzerung *(f)*; Hartauftragsschweißen *(n)*; Schweißpanzern *(n)* [Vorgang]
hard temper	übermäßige Härte *(f)*
hard zone cracking	Hartrissigkeit *(f)*
hauling	Verlegung *(f)* [Rohr]
HAZ; heat-affected zone	Wärmeeinflußzone *(f)*; WEZ
HCF; high-cycle fatigue	Ermüdung *(f)* bei hoher Lastspielzahl [Beanspruchung aus hochfrequenter Belastung im Bereich der Dauerfestigkeit]
HDS; hydrostatic design stress	hydrostatische Berechnungsspannung *(f)*
head [US]; end (plate) [UK]	Boden *(m)*
head, blank . . .	Vollboden *(m)*; Boden *(m)* ohne Ausschnitte; ungelochter Boden *(m)*
head, conical . . .	Kegelboden *(m)*
head, dished . . .	gewölbter Boden *(m)*
head, ellipsoidal . . .	elliptischer Boden *(m)*
head, flanged . . .	Krempenboden *(m)*; gekrempter Boden *(m)*
head, flat . . .	ebener Boden *(m)*
head, grooved flat . . .	Nutboden *(m)*
head, hemispherical . . .	Halbkugelboden *(m)*
head, manholed . . .	Mannlochboden *(m)*
head, obround . . .	länglich runder Boden *(m)*
head, perforated . . .	gelochter Boden *(m)*; Boden *(m)* mit Ausschnitten
head, plus . . .	positiver Boden *(m)* [Druck gegen die Innenwölbung]
head, semi-ellipsoidal . . .	Korbbogenboden *(m)*
head, spherically domed . . .	kugelförmig gewölbter Boden *(m)* [ohne Krempe]
head, toriconical . . .	Kegelboden *(m)* mit Krempe; gekrempter Kegelboden *(m)*
head, torispherical . . .	torisphärischer Boden *(m)* [gewölbt und gekrempt]; Klöpperboden *(m)* [Radius = Außendurchmesser; $R = D_a$]; Korbbogen-

head, unpierced . . .	boden *(m)* [R = 0,8D$_a$; tiefgewölbter Boden mit Krempe]
head, unpierced . . .	Vollboden *(m)*; Boden *(m)* ohne Ausschnitte; ungelochter Boden *(m)*
head, unpierced dished . . .	gewölbter Vollboden *(m)*
head, welded flat . . .	Vorschweißboden *(m)*
header	Grundrohr *(n)*; Rohrverteiler *(m)*; Leitungsverteiler *(m)*; Verteilerstück *(m)*; Sammler *(m)*
head plate	Bodenblech *(n)*
head skirt	zylindrischer Bord *(m)* des Bodens
heat [gen.]	Wärme *(f)*; Hitze *(f)*; Schmelze; Ofengang *(m)*; Charge *(f)* [allg.]
heat affected zone; HAZ	Wärmeeinflußzone *(f)*; WEZ
heat analysis [US]; ladle analysis [UK]	Schmelzenanalyse *(f)*
heat build-up	Wärmestau *(f)*
heat capacity rate	Wärmeinhaltsrate *(f)*
heat code	Chargen-Nr. *(f)* [Schmelze]
heat conduction in the steady state; steady (-state) heat conduction; steady conduction of heat	stationäre Wärmeleitung *(f)*
heat conduction in the unsteady state; unsteady (-state) heat conduction; unsteady conduction of heat	instationäre Wärmeleitung *(f)*
heat crack; hot crack; hot tear	Wärmeriß *(m)*; Warmriß *(m)* [siehe: „hot crack"]
heat dissipation	Wärmeableitung *(f)*; Wärmeverteilung *(f)*
heated tool welding; hot-tool welding	Heizelementschweißen *(n)* [bei Kunststoffrohrleitungen]
heat exchanger	Wärme(aus)tauscher *(m)*; Wärmeübertrager *(m)*
heat exchanger, air-oil . . .	Öl/Luft-Wärmetauscher *(m)*
heat exchanger, bare-tube . . .	Glattrohrwärmeaustauscher *(m)*; Wärmeaustauscher *(m)* mit unberippten Rohren
heat exchanger, chevron-type plate . . .	Plattenwärmeaustauscher *(m)* mit Platten mit pfeilförmigem Muster [Fischgrätenmuster]
heat exchanger, compact . . .	Kompaktwärmeaustauscher *(m)*
heat exchanger, counterflow . . .	Gegenstrom-Wärmeaustauscher *(m)*; Gegenströmer *(m)*
heat exchanger, cross counterflow . . .	Kreuzgegenstrom-Wärmeaustauscher *(m)*; Kreuzgegenströmer *(m)*
heat exchanger, double pipe . . .	Doppelrohr-Wärmeaustauscher *(m)*
heat exchanger, field tube . . .	Doppelrohr-Wärmeaustauscher *(m)*; Wärmeaustauscher *(m)* mit eingestecktem Doppelrohr
heat exchanger, finned-tube . . .	Rippenrohr-Wärmeaustauscher *(m)*
heat exchanger, hair-pin . . .	Wärmeaustauscher *(m)* in Haarnadelausführung; Haarnadel-Wärmeaustauscher *(n)*; Haarnadel-Wärmeübertrager *(m)*
heat exchanger, herringbone-type plate . . .	Plattenwärmeaustauscher *(m)* mit Platten mit Fischgrätenmuster [pfeilförmiges Muster]

heat transfer by conduction

heat exchanger, offset strip-finned plate . . .	Rippenplatten-Wärmeaustauscher *(m)* mit verzahnten Rippen [aus Metallband bestehende Rippen in versetzter Anordnung]
heat exchanger, oil-to-air . . .	Öl/Luft-Wärmeaustauscher *(m)*
heat exchanger, plate-and frame . . .	Plattenwärme(aus)tauscher *(m)*
heat exchanger, plate-fin . . .	Rippenplatten-Wärmeaustauscher *(m)*
heat exchanger, plate(-type) . . .	Plattenwärme(aus)tauscher *(m)*
heat exchanger, plate . . . with parallel corrugated plates	Plattenwärmeaustauscher *(m)* mit Platten mit Waschbrettmuster
heat exchanger, reversing . . .	umschaltbarer Wärmeaustauscher *(m)* [Definition siehe unter: reversing heat exchanger]
heat exchanger, ribbon-packed . . .	Wärmeaustauscher *(m)* mit schraubenförmiger Metallpackung [Definition siehe unter: ribbon-packed heat exchanger]
heat exchanger, rotary-type . . .	Rotationswärmeaustauscher *(m)*
heat exchanger, scraped-surface . . .	Kratzkühler *(m)*
heat exchanger, shell-and-tube . . .	Rohrbündelwärmeaustauscher *(m)*; Rohrbündelwärmeübertrager *(m)*; RWÜ; Mantelröhrenwärmeaustauscher *(m)*
heat exchanger, spiral plate . . .	Spiralwärmeaustauscher *(m)*
heat exchanger, straight-tube . . .	Geradrohr-Wärmeaustauscher *(m)*; Wärmeaustauscher *(m)* mit geraden Rohren; Wärmeaustauscher *(m)* mit geradem Rohrbündel
heat exchanger, tube-fin . . .	Rippenrohr-Wärmeaustauscher *(m)*
heat exchanger, tubular . . .	Rohrbündelwärmeaustauscher *(m)*; Rohrbündelwärmeübertrager *(m)*; RWÜ; Mantelröhrenwärmeaustauscher *(m)*
heat exchanger, U-tube . . .	U-Rohr-Wärmeaustauscher *(m)*; U-Röhrenwärmeübertrager *(m)*; U-Rohrbündelwärmeaustauscher *(m)*
heat exchange surface	wärmetauschende Heizfläche *(f)*
heat flow rate; heat flux	Wärmestrom *(m)*; Wärmefluß *(m)*
heat flux disturbance	Wärmestromstörungen *(f, pl)*
heat fusion joint	warmgeschweißte Verbindung *(f)*
heat input	Wärmeeinbringung *(f)* [Schweißen]
heat loss method	indirekte Wirkungsgrad-Bestimmung *(f)* anhand der Wärmeverluste
heat pipe	Wärmerohr *(n)*
heat radiation	Wärmeeinstrahlung *(f)*
heat rejection section	Entspannungskammer *(f)* zur Wärmeabführung [in Entspannungsverdampfern; besteht aus mehreren Stufen (stages)]
heat release	Wärmeentbindung *(f)*
heat sealing	Heizelement-Wärmekontaktschweißen *(n)*
heat tracing	Begleitheizung *(f)*
heat transfer; heat transmission	Wärmeübergang *(m)*; Wärmedurchgang *(m)*; Wärmeübertragung *(f)*
heat transfer by conduction; conductive heat transfer	Wärmeübertragung *(f)* durch Leitung

heat transfer by convection	
heat transfer by convection; convective heat transfer	Wärmeübertragung *(f)* durch Konvektion; Warmübertragung *(f)* durch Berührung; konvektive Wärmeübertragung *(f)*
heat transfer by radiation; radiant heat transmission; radiative heat transfer	Wärmeübertragung *(f)* durch Strahlung
heat transfer coefficient, overall ...	Wärmedurchgangszahl *(f)*
heat treatable steel	Vergütungsstahl *(m)*
heat treated [v] to produce ferritic structure	ferritisch geglüht [V]
heat treated [v] to produce grain refinement	kernrückgefeint [V] [Wärmebehandlung zur Kornverfeinerung]
heat treated [v] with non-scaling effect	zunderarm geglüht [V]
heat treatment [Types of heat treatment see under: annealing; core refining; grain refinement; normalizing; quenching; quenching and tempering; soaking; solution annealing; solution heat treatment; stabilizing; stress relief heat treatment; stress relieving; tempering]	Wärmebehandlung *(f)*
heliarc welding process; inert-gas shielded nonconsumable-electrode arc welding method [Heliarc]	Heliarc-Verfahren *(n)*; Wolfram-Inertgas-Schweißen *(n)* mit Helium als Schutzgas
helically finned tube	Schraubenrippenrohr *(m)*; Wendelrippenrohr *(n)* [fälschlich auch: Spiralrippenrohr]
helical scanning path; scanning helix [ultras.]	Abtastspirale *(f)* [US-Prüfung]
helical vane inserts *(pl)* [tube]	eingesetzte Schneckenwendel *(m, pl)* [Rohr]
helium bombing	Prüfung *(f)* mittels Heliumbombe
helium mass spectrometer	Heliummassenspektrometer *(n)*
hemispherical head [US]; hemispherical end [UK]	Halbkugelboden *(m)*
herringbone configuration; chevon pattern	Fischgrätenmuster *(n)*; pfeilformiges Muster *(n)* [Muster in Platten von Plattenwärmeaustauschern]
herringbone structure	Fischgrätenmuster *(n)* [Bruchfläche]
herringbone-type plate heat exchanger; chevron-type plate heat exchanger	Plattenwärmeaustauscher *(m)* mit Platten mit Fischgrätenmuster [pfeilförmiges Muster]
hexagon head bushing	Reduziernippel *(m)* mit Sechskant
hexagon nipple [reducing nipple]	Sechskant-Doppelnippel *(m)* [Reduziernippel]
high-cycle fatigue; HCF	Ermüdung *(f)* bei hoher Lastspielzahl [Beanspruchungen aus hochfrequenter Belastung im Bereich der Dauerfestigkeit]
high cycles *(pl)*	hohe Lastwechsel *(m, pl)*
higher strength material	höherfester Werkstoff *(m)*
high-integrity condenser	dichter Kondensator *(m)*
high-lift top guided safety valve	kopfgesteuertes Hochhubsicherheitsventil *(n)*
highly volatile fluid	leichtflüchtiger Durchflußstoff *(m)*
high-pressure test	Streßtest *(m)*; Streßdruckprüfung *(f)*; Druck-/Volumenmeßverfahren *(n)* [nach

hot spot stress

	Dechant; Druckprobe von Rohrleitungen; der zu prüfende Rohrleitungsabschnitt wird zunächst mit Wasser gefüllt, der Innendruck kontinuierlich gesteigert, bis an einer Stelle des Bauteils Werkstofffließen einsetzt. Der Druckaufbau wird dann gestoppt und der Druck über eine vorgegebene Zeit konstant gehalten]; Anspannungstest *(m)* [obs.]
high-strength bolt	hochfeste Schraube *(f)* [ASTM]
high-strength bolting	hochfeste Verschraubung *(f)*
high-strength material	hochfester Werkstoff *(m)*
high-temperature fluid	Hochtemperaturflüssigkeit *(f)*
high-temperature oxidation; scaling	Verzunderung *(f)* [Wärmeaustauscher]
high-temperature piping steel	warmfester Röhrenstahl *(m)*
high-temperature resistant	hochtemperaturbeständig
high-temperature thermomechanical treatment; HTTMT	Umformung *(f)* im stabilen Austenitgebiet
high-temperature yield stress [UK]; hot yield point; yield point at elevated temperature [US]	Warmstreckgrenze *(f)*
hinge, plastic ...	Fließgelenk *(n)*
hinged column; column hinged at both ends	Pendelstütze *(f)*
hinged expansion joint	Gelenkkompensator *(m)* [ein Rohrgelenk eines aus mindestens zwei oder höchstens drei Gelenken bestehenden ebenen Gelenksystems]
history of stress; stress history	Spannungsverlauf *(m)* [zeitlich]
hod-platinum halogen detector	Platin-Halogen-Lecksuchgerät *(n)*
hogging [pipe]	Aufbuckeln *(n)* [Rohr]
holding time; time at temperature [heat treatment]	Haltezeit *(f)* [Wärmebehandlung]
homogenous seal; unreinforced seal	nicht armierte Dichtung *(f)*; unbewehrte Dichtung *(f)*
hood pressure test; chamber test	Hüllentest *(m)*; Haubenlecksuchverfahren *(n)*; Haubenleckprüfung *(f)*
hook crack	Hakenriß *(m)*
hoop stress; circumferential stress	Umfangsspannung *(f)*
horizontal shear force	Längsschubkraft *(f)*
hot crack; heat crack; hot tear	Warmriß *(m)*; Wärmeriß *(m)* [entsteht durch eine niedrig schmelzende Phase, während diese flüssig ist]
hot heading [bolt]	Anstauchen *(n)* des Kopfs im warmen Zustand [Schraubenmaterial]
hot mill fold	Klanken *(m)* [Walzfehler]
hot pressure welding	Warmpreßschweißen *(n)*
hot spot	stationäre Temperaturspitze *(f)*
hot spots *(pl)* [tank]	Flammenballen *(m, pl)* [Bei Schadenfeuern in Chemieanlagen und Tanklagern]
hot spot stress; geometric stress	Strukturspannung *(f)* [Definition siehe unter: „geometric stress"]

hot tear

hot tear; hot crack; heat crack	Wärmeriß *(m)*; Warmriß *(m)* [siehe: „hot crack"]
hot-tool welding; heated tool welding	Heizelementschweißen *(n)* [Kunststoffrohrleitung]
hot working range	Warmformgebungsbereich *(m)*; Warmumformungsbereich *(m)*
hot yield point; yield point at elevated temperature [US]; high-temperature yield point [UK]	Warmstreckgrenze *(f)*
HTTMT; high-temperature thermomechanical treatment	Umformung *(f)* im stabilen Austenitgebiet
hub	Ansatz *(m)*; Schweißlippe *(f)*
hub, flange ...	Flansch-Ansatz *(m)*
hub, thickness of ... at back of flange	Kegeldicke *(f)* am Blatt [Flansch]
hub(bed) flange	Flansch *(m)* mit Ansatz
hubbed flange, loose type ...	loser Flansch *(m)* mit Ansatz
hubbed slip-on flange	Überschiebflansch *(m)* mit Ansatz
hubbed tubesheet	Rohrboden *(m)* mit Schweißlippen
hub dimensions	Ansatzabmessungen *(f, pl)*
hub stress	Spannung *(f)* im Ansatz
hub stress correction factor	Korrekturfaktor *(m)* für die Spannung im Ansatz
hump	Buckel *(m)*; Aufwölbung *(f)*
humping [tank]	ringförmige Randaufwölbung *(f)* [Tank; Setzungsunterschiede des Behälterbodens]
humping bead formation [electron beam welding]	Buckelbildung *(f)*; Unduloidbildung *(f)* [Instabilitäten, die durch rhythmische Kontraktion der Schmelze bei Überschreiten einer bestimmten Schmelzbadgröße beim Elektronenstrahlschweißen entstehen]
hydraulic (pressure) test [UK]; hydrostatic (pressure) test; hydrotest [US; ASTM]	Abdrücken *(n)*; Wasserdruckprüfung *(f)*; Wasserdruckprobe *(f)*; Druckprobe *(f)*; Druckprüfung *(f)* (mit Wasser)
hydraulic shock; water hammer; line shock	Wasserschlag *(m)*; Druckstoß *(m)*; Druckschlag *(m)*; hydraulischer Stoß *(m)*
hydraulic shock absorber	Stoßbremse *(f)* [Rohrhalterung]
hydrogen diffusion rate	Wasserstoffdiffusionsgeschwindigkeit *(f)*
hydrogen embrittlement	Wasserstoffversprödung *(f)*; wasserstoffinduzierte Versprödung *(f)*
hydrogen induced crack	Wasserstoffriß *(m)* [entsteht durch Erhöhen des Eigenspannungszustands infolge aus dem Gitter ausgeschiedenen Wasserstoffs, der aufgrund von Gefügeänderungen nicht aus dem Werkstoff effundieren kann]
hydrostatic design stress; HDS	hydrostatische Berechnungsspannung *(f)*
hydrostatic end force	Rohr-Gesamtkraft *(f)* [Flansch-Berechnung]
hydrostatic end load	hydrostatische Endbelastung *(f)*
hydrostatic force	Innendruck-Kraft *(f)* [Flansch-Berechnung]
hydrostatic head	Wassersäule *(f)*

hydrostatic pressure head	hydrostatische Druckhöhe *(f)*
hydrostatic (pressure) test; **hydrostest** **[ASTM; US]; hydraulic (pressure) test** **[UK]**	Druckprobe *(f)*, Druckprüfung *(f)* (mit Wasser); Wasserdruckprüfung *(f)*; Wasserdruckprobe *(f)*; Abdrücken *(n)*
hydrostatic stress-state	hydrostatischer Spannungszustand *(f)*
hypothetical basis convection coefficient	angenommene Ausgangszahl *(f)* des konvektiven Wärmeübergangs

I

IGSCC; intergranular stress corrosion cracking	interkristalline Spannungskorrosionsrißbildung *(f)*
IHSI; induction heating stress improvement	Spannungsverbesserung *(f)* durch Induktionswärmebehandlung
immersion testing; immersion technique [ultras.]	Tauchtechnik *(f)* [US-Prüfung]
impact baffle; impact plate; impingement plate	Prallplatte *(f)*; Prallblech *(n)*
impact effect	Stoßwirkung *(f)*
impact energy	Kerbschlagarbeit *(f)*
impact loading	Schlagbeanspruchung *(f)*; Stoßbeanspruchung *(f)*
impact plate; impact baffle; impingement plate	Prallblech *(f)*; Prallplatte *(f)*
impact strength	Schlagfestigkeit *(f)*; Schlagzähigkeit *(f)*
impact test(ing); notched-bar impact test	Kerbschlagbiegeversuch *(m)*
imperfection; flaw	Ungänze *(f)*; Fehler *(m)* [Oberflächengüte]
imperfection in welding; weld imperfection	Schweißnahtfehler *(m)*
imperfect shape	Formfehler *(m)* [Abweichung von der vorgeschriebenen geometrischen Form der Schweißverbindung]
impingement plate; impact baffle; impact plate	Prallplatte *(f)*; Prallblech *(m)*
impingement protection	Prallschutz *(m)*
impinging fluid	aufprallendes Medium *(n)*
incipient crack	Anriß *(m)*
incipient crack in thread	Gewindeanriß *(m)*
incipiently notched round bar	angekerbter Rundstab *(m)*
incipient surface crack	Oberflächenanriß *(m)*
inclined crack	schräger Riß *(m)*; Schrägriß *(m)*
inclusion	Einschluß *(m)*
incomplete fusion [weld imperfection]	unvollständige Bindung *(f)* [Nahtfehler]
incompletely filled groove [weld imperfection]	Decklagenunterwölbung *(f)* [nicht ausgefüllte Schweißfuge; Nahtfehler]
incomplete (root) penetration; penetrator [weld imperfection]	ungenügende Durchschweißung *(f)* [Nahtfehler]
incomplete side wall fusion; lack of side (wall) fusion [weld imperfection]	Flankenbindefehler *(m)* [Bindefehler zwischen Schweißgut und Grundwerkstoff; Nahtfehler]
incremental collapse	schrittweise Verformungszunahme *(f)* [fortschreitendes plastisches Versagen]
incremental distortion	stufenweise Formänderung *(f)*; stufenweise anwachsende Verformung *(f)*
incremental growth	stufenweises Wachstum *(n)*
incremental plastic strain	stufenweise plastische Verformung *(f)*
indentations *(pl)*	Eindrücke *(m, pl)* [Walzfehler]
indication [ultras.]	Befund *(m)* [Anzeige; US-Prüfung]
induction hardening	Induktionshärten *(n)*
induction heating stress improvement; IHSI	Spannungsverbesserung *(f)* durch Induktionswärmebehandlung

installation

inelasticity	Inelastizität *(f)* [bezeichnet das Werkstoffverhalten, bei dem im Bauteil bleibende Verformungen auftreten, die nach Zurücknahme aller aufgebrachten Belastungen sich nicht zurückbilden. Plastizität und Kriechen sind spezielle Formen der Inelastizität]
inert-gas shielded nonconsumable-electrode arc welding method [Heliarc]; heliarc welding process	Heliarc-Verfahren *(n)*; Wolfram-Inertgas-Schweißen *(n)* mit Helium als Schutzgas
inertia effect	Beharrungswirkung *(f)*; Trägheitswirkung *(f)*
inertia welding	Schwungradreibschweißen *(n)*
inextensible support	starre Unterstützung *(f)*
inherent elasticity	Eigenelastizität *(f)* [Rohr]
inherently flexible	eigenelastisch
inherent reinforcement	Eigenverstärkung *(f)*
initial boiling point	Siedebeginn *(m)*
initial bolt prestress factor	Schraubenvorspannungsfaktor *(m)*
initial defect size	anfängliche Fehlergröße *(f)*; Anfangs-Fehlergröße *(f)*
initial deformation	Verformungsbeginn *(m)*
initial end squaring [flash welding]	Anfangsquerschnitts-Herstellung *(f)*; Herstellung *(f)* des Anfangsquerschnitts [Abbrennstumpfschweißen]
initial fused area	Anschmelzung *(f)* [Brennschneiden]
initial tightening condition [bolt]	erstes Anziehen *(n)* der Schrauben [im Einbauzustand]
inlet flange	Eintrittsflansch *(m)*
inlet port	Eintrittsmündung *(f)*; Eintrittsöffnung *(f)*
in-line check valve; straight check valve; straightway check valve	Rückschlagventil *(n)* mit geradem Durchfluß
in-motion radiography	Bewegungsdurchstrahlung *(f)*; Durchstrahlungsprüfung *(f)* bewegter Objekte
in-motion unsharpness [radiog.]	Bewegungsunschärfe *(f)* [Durchstrahlungsprüfung]
in-process inspection	Bauprüfung *(f)*; Fertigungskontrolle *(f)*; Fertigungsprüfung *(f)*; Fertigungsüberwachung *(f)* [werksseitig; qualitätssichernd]
in-process inspection on site; field fabrication inspection	Bauprüfung *(f)* [Baustellenüberwachung]
in-process inspection record	Bauprüfungsprotokoll *(n)* [Fertigungsüberwachung]
in-process inspection report	Bauprüfungsbericht *(m)* [Fertigungsüberwachung]
insert plate	Einbaublech *(n)*
in-service leak test	wiederkehrende Dichtheitsprüfung *(f)*
inspection	Abnahme *(f)*; Prüfung *(f)*; Kontrolle *(f)*
inspection, field ...	Abnahme *(f)* auf der Baustelle
inspection, final ...	Bauprüfung *(f)* [Abnahme durch Kunden/Technischen Überwachungsverein (TÜV)]
inspection hatch [tank]	Schauluke *(f)* [Tank]
installation	Installation *(f)*; Einbau *(m)*; Montage *(f)*

installed condition

installed condition	Montagezustand *(m)*
installed downstream	unterstromiger Einbau *(m)*; eingebaut nach/hinter
installed location	Einbaulage *(f)*; Einbaustelle *(f)*
installed upstream	oberstromiger Einbau *(m)*; eingebaut vor
instrumented Charpy impact test	instrumentierter Charpy-Kerbschlagbiegeversuch *(m)*
instrumented precracked Charpy impact test	instrumentierter Charpy-Kerbschlagbiegeversuch *(m)* an angerissenen Proben
instrumented precracked Charpy slow-bend test	langsamer instrumentierter Charpy-Kerbschlagbiegeversuch *(m)* an angerissenen Proben
instrument piping	Instrumentenleitungen *(f, pl)*
instrument setting	Geräteeinstellung *(f)*
insufficient fusion [weld imperfection]	unvollständige Bindung *(f)* [Nahtfehler]
insufficient penetration [weld imperfection]	unzureichende Linsendicke *(f)*; unzureichende Schweißnahtbreite *(f)* [Linse ist zu flach oder Stumpfnaht zu schmal; Nahtfehler]
insulant; insulating material; insulation material	Isolier(werk)stoff *(m)*
insulating blanket; insulating mat; insulation blanket	Isoliermatte *(f)*; wärmedämmende Matte *(f)*
insulating board	Isolierplatte *(f)*
insulating construction material	Isolierbaustoff *(m)*
insulating sealant	Isolierabdichtungsstoff *(m)*
insulation	Isolierung *(f)*; Wärmeschutzmasse *(f)*
insulation, personnel protection ...	Berührungsschutz *(m)*
insulation blanket; insulating blanket; insulating mat	wärmedämmende Matte *(f)*; Isoliermatte *(f)*
insulation contractor	Isolierfirma *(f)*
insulation material; insulating material; insulant	Isolier(werk)stoff *(m)*
insulation trim	Isoliereinsatz *(m)* [Klappe]
integral check valve; built-in check valve	eingebautes Rückschlagventil *(n)*
integral communcating chambers *(pl)*	kommunizierende Druckräume *(m, pl)* aus einem Stück
integral finned tube	Rohr *(m)* mit integraler Berippung; Rohr *(n)* mit integralen Rippen
integral leakage; total leaks *(pl)*; total leakage	Gesamtundichtheit *(f)*; Leckrate *(f)*
integral low-fin condenser tube	Kondensatorrohr *(n)* mit integralen niedrigen Rippen
integral nozzle reinforcement	Stutzenverstärkung *(f)* aus einem Stück
integral (-type) flange	fester Flansch *(m)*; Festflansch *(m)*
intensifying screen [radiog.]	Verstärkerfolie *(f)* [Durchstrahlungsprüfung]
intensity of turbulence	Turbulenzgrad *(m)*
interaction moment	Wechselwirkungsmoment *(m)*
interactive defects *(f)*	sich gegenseitig beeinflussende Fehler *(m, pl)*
intercooler; interstage cooler	Zwischenkühler *(m)*
intercooling; interstage cooling	Zwischenkühlung *(f)*

intercrystalline corrosion; intergranular corrosion	interkristalline Korrosion *(f)*; IKK; Korngrenzenkorrosion *(f)*
intercrystalline corrosion test specimen	IK-Probe *(f)*
Interdendritic shrinkage; solidification hole [weld imperfection]	Makrolunker *(m)* [Schwingungshohlraum verschiedenartiger Gestalt im Schweißgut; Nahtfehler]
interface contact stress condition	Berührungsflächen-Spannungszustand *(m)*
interface energy; interface surface energy; interfacial energy	Grenzflächenenergie *(f)*
interface pressure	Grenzflächenpressung *(f)*
intergranular and transgranular crack; i-t-crack	inter- und transkristalliner Riß *(m)*; I-T-Riß *(m)*
intergranular attack	Korngrenzenangriff *(m)*
intergranular corrosion; intercrystalline corrosion	interkristalline Korrosion *(f)*; IKK; Korngrenzenkorrosion *(f)*
intergranular corrosion resistance	IK-Beständigkeit *(f)*; Beständigkeit *(f)* gegen interkristalline Korrosion
intergranular crack; intercrystalline crack	interkristalliner Riß *(m)*; Korngrenzenriß *(m)* [verläuft entlang der Kristallitgrenzen]
intergranular stress corrosion cracking; IGSCC	interkristalline Spannungskorrosionsrißbildung *(f)*
intermediate anchor	Zwischenfestpunkt *(m)* [Rohrhalterung]
intermediate flow	Übergangsströmung *(f)*; Gleitströmung *(f)*
intermediate girder [tank]	Zwischenträger [Tank]
intermediate piece; transition piece; adapter	Zwischenstück *(n)*
intermediate strength bolting	mittelfeste Verschraubung *(f)*
internal chills *(pl)*	harte Stellen *(f, pl)* im Guß
internal corner radius	innerer Krempenradius *(m)*
internal floating roof [tank]	Schwimmdecke *(f)* [Tank]
internal friction theory [after Mohr]	Hypothese *(f)* des elastischen Grenzzustandes [Mohr]
internal guide sleeve [expansion joint]	inneres Leitrohr *(n)* [Kompensator]
internally finned tube	innen verripptes Rohr *(n)*
internally guided expansion joint	Axialkompensator *(m)* mit innerem Leitrohr
internal partitions *(pl)* [tank]	innere Schottung *(f)* [Trennwände im Tank]
internal pressure	Innendruck *(m)*
internal projection [nozzle]	innerer Überstand *(m)* [Stutzen]
internal shrinkage	interne Schrumpfungen *(f, pl)*
internal sleeve; liner; telescoping sleeve [expansion joint]	Teleskophülse *(f)* [zur Verminderung des Kontakts zwischen der inneren Oberfläche von Kompensatorbälgen und dem Strömungsmittel]
internal structures *(pl)*	Inneneinbauten *(m, pl)*
internal thread; female thread	Innengewinde *(n)*
interpass temperature	Zwischenlagentemperatur *(f)*
inter-run undercut; interpass undercut [weld imperfection]	Längskerbe *(f)* zwischen den Schweißraupen [Nahtfehler]
interrupted creep test	unterbrochener Zeitstandversuch *(m)* [mit Unterbrechung der Belastung und der Beheizung]

intersecting welds

intersecting welds *(pl)*	überkreuzende Nähte *(f, pl)*
interstage cooler; intercooler	Zwischenkühler *(m)*
interstage cooling; intercooling	Zwischenkühlung *(f)*
interstitial free condition [ferrite]	Zustand *(m)* frei von interstitiell gelösten Atomen [Ferrit]
intervening stop valve	zwischengeschaltetes Absperrventil *(n)*
inward forming	Einhalsen *(n)*
ionization vacuum gauge	Ionisationsvakuummeter *(n)*
ion-microprobe mass spectrometer	Ionenmikrosonden-Massenspektrometer *(n)*
ion pump leak detector	Lecksuchgerät *(n)* mit Ionenpumpe
ion resonance spectrometer	Ionenresonanzspektrometer *(n)*
iron oxide sheath [electrode]	erzsaure Umhüllung *(f)* [Elektrode]
irregular surface [weld imperfection]	fehlerhafte Nahtzeichnung *(f)* [z. B. zu grobe oder unregelmäßige Schuppung; Nahtfehler]
irregular width [weld imperfection]	unregelmäßige Nahtbreite *(f)* [Nahtfehler]
isolated ligament	einzelner Steg *(m)*
isolated plain bar stay	einzelner Vollanker *(m)*
isolated pores *(pl)*	Einzelporen *(f, pl)*
isolated radial loads *(pl)*	radiale Einzellasten *(f, pl)*
isolated wormholes *(pl)*	einzelne Schlauchporen *(f, pl)*
isolating valve; stop valve; shut-off valve	Absperrventil *(n)*
isolation test [leak test]	Druckanstiegsprüfung *(f)* [Dichtheitsprüfung]

J

jacket	Doppelmantel *(m)*
jacket, partial ...	Teilummantelung *(f)*
jacketed closure	Doppelmantelabschluß *(m)*
jacketed steam kettle	Doppelmantel-Dampfgefäß *(n)*
jacketed trough	Trog *(m)* mit Doppelmantel
jacket space	Zwischenraum *(m)* zwischen Mantel und Doppelmantel
joining material	Fügestoff *(m)*
joint [gen.]	Stoß *(m)*; Verbindung *(f)* [allg.]
joint [welding]	Schweißstoß *(m)*
joint-contact surface compression load [flange]	Anpreßkraft *(f)* der Verbindung [Flansch]
joint covering strip	Stoßstreifen *(m)*
joint design	Nahtform *(f)*
jointed staybolt	gelenkiger Stehbolzen *(m)*
joint factor; weld (joint) efficiency; weld factor; efficiency of weld	Schweißnahtfaktor *(m)*; Nahtfaktor *(m)*; obs.: Verschwächungsbeiwert *(m)* der Schweißnaht
joint flanges *(pl)*	Flanschverbindungen *(f, pl)*
joint gasket	Dichtungsring *(m)*
joint geometry	Stoßgeometrie *(f)*
joint penetration	Nahttiefe *(f)*
joint restraint	Einspannung *(f)* einer Verbindung
Jominy end quench test	Stirnabschreckversuch *(m)* nach Jominy; Jominy-Stirnabschreckversuch *(m)*

K

Karman vortex streets *(pl)*	Karmansche Wirbelstraßen *(f, pl)*
keyhole welding technique	Stichlochtechnik *(f)*
kidney fracture; transverse fissure	Nierenbruch *(m)*
killed steel	beruhigter Stahl *(m)*
kinematically admissible velocity field	kinematisch zulässiges Geschwindigkeitsfeld *(n)*
kink, sharp . . .	scharfer Knick *(m)*
knife edge support [clip gauge]	Rasierklingenlager *(n)* [Dehnungsaufnehmer]
knuckle	Krempe *(f)*
knuckle depth	Krempenhöhe *(f)*
knuckle radius	Krempenhalbmesser *(m)*; Krempenradius *(m)*

L

labyrinth gland; labyrinth seal	Labyrinthdichtung *(f)*
lack of bond [clad welding]	mangelhafte Bindung *(f)* [Schweißplattierung]
lack of bonding	Haftfehler *(m)*
lack of fusion [weld imperfection]	Bindefehler *(m)* [Nahtfehler]
lack of inter-run fusion [weld imperfection]	Lagenbindefehler *(m)* [Nahtfehler]
lack of penetration [weld imperfection]	ungenügende Durchschweißung *(f)* [Nahtfehler]
lack of root fusion; root contraction [weld imperfection]	Wurzelbindefehler *(m)* [Wurzelkerbe; Nahtfehler]
lack of side (wall) fusion; incomplete side wall fusion [weld imperfection]	Flankenbindefehler *(m)* [Bindefehler zwischen Schweißgut und Grundwerkstoff; Nahtfehler]
ladle analysis [UK]; heat analysis [US]	Schmelzenanalyse *(f)*
lagger	Isolierer *(m)*
lagger's aid	Isolierhelfer *(m)*
laid-up joint; hand lay-up joint	handaufgelegte Verbindung *(f)*
lamellar-graphite cast iron; gray cast iron; grey cast iron	Gußeisen *(n)* mit Lamellengraphit; Lamellengraphit-Gußeisen *(n)*
lamellar tear	Lamellenriß *(m)*
lamellar tearing	Terassenbrüche *(m, pl)*; Lamellenrißbildung *(f)*; Einreißen *(n)* in Dickenrichtung [entsteht durch Aufreißen von parallel verlaufenden Seigerungszonen mit langgestreckten nichtmetallischen Einschlüssen bei Beanspruchung eines Werkstücks in Dickenrichtung]
laminar flow; streamline flow	Laminarströmung *(f)*; laminare Strömung *(f)*; schlichte Strömung *(f)*
laminar reflector [ultras.]	oberflächenparalleler Fehler *(m)* [US-Prüfung]
laminations *(pl)*	Doppelungen *(f, pl)*
land, width of . . . [welding neck flange]	Anstoßkante *(f)*, Breite der . . . [Vorschweißflansch]
landing [tank]	Podest *(m)* [Tank]
lantern ring [floating tubesheet]	Laternenring *(m)* [Schwimmkopfrohrboden]
lap joint	Überlappnaht *(f)*; Überlappstoß *(m)*
lap-joint flange	Flansch *(m)* mit Bund
lap-joint flange with welding stub	loser Flansch *(m)* mit Vorschweißbund
lap joint stub end [long, ANSI length; short, MSS length]	Vorschweißbund *(m)* [lang, ANSI-Länge; kurz, MSS-Länge] [bei losen Flanschen]
lapped-type flange	Flansch *(m)* mit Bund
large base of the cone	große Grundfläche *(f)* des Kegels
latching device	Verriegelung *(f)*
latent heat	latente Wärme *(f)*
lateral	Abzweigstück *(n)*
lateral deflection [expansion joint]	laterale Bewegung *(f)* [Kompensator]
lateral deformation	seitliche Deformation *(f)*

lateral expansion	
lateral expansion [impact test]	seitliche Breitung *(f)* [Kerbschlagbiegeversuch]
lateral expansion; lateral extension [expansion joint]	Seitenausweitung *(f)*; seitliche Dehnung *(f)* [Kompensator]
lateral pressure	seitlicher Druck *(m)*
lateral thrusts *(pl)*	seitliche Verschiebungen *(f, pl)*
lateral wall effect	Seitenwandeffekt *(m)*
lath size of acicular ferrite	Tafelgröße *(f)* beim nadeligen Ferrit
layered construction	Mehrlagenbauweise *(f)*
layered shell	Mehrlagenmantel *(m)*
layered stack	Lagenstapel *(m)*
layer gap [layered shell]	Lagenspalt *(m)*; Spalt *(m)* zwischen den Lagen [Mehrlagenbehälter]
layer wash	Lageneinspülung *(f)*
laying conditions *(pl)* [pipe]	Verlegungsbedingungen *(f, pl)* [Rohrleitung]
layout of piping systems	Planung *(f)* von Rohrleitungssystem; Linienführung *(f)* von Rohrleitungssystemen
LCF; low-cycle fatigue	Ermüdung *(f)* bei niedriger Lastspielzahl; niederzyklische Ermüdung *(f)* [Ermüdung bei hoher Spannungsschwingbreite und dementsprechend kleiner Lastwechselzahl]
lead foil screen [radiog.]	Bleiverstärkerfolie *(f)* [Durchstrahlungsprüfung]
leading edge of the crack	Rißführungskante *(f)*
leading end [pipe/tube]	vorderes Ende *(n)* [Rohr]
lead shielding [radiog.]	Bleiabschirmung *(f)* [Durchstrahlungsprüfung]
leakage air	Leckluft *(f)*
leakage detection; leak detection; leak hunting; leak proving; leak(age) testing	Lecksuche *(f)*; Leckprüfung *(f)*
leakage field interference	Streufeldstörung *(f)*
leakage flow	Leckströmung *(f)*; Leckstrom *(m)*
leakage gas flow	Leckgasmenge *(f)*
leakage path	Sickerweg *(m)*; Leckweg *(m)*
leakage rate; leak rate	Leckrate *(f)*
leakage water	Leckwasser *(n)*
leak-before-break behaviour	Leck-vor-Bruch-Verhalten *(m)*
leak detection; leakage detection; leak hunting; leak proving; leak(age) testing	Leckprüfung *(f)*; Lecksuche *(f)*
leak detector head; leak detector; leak-sensing device	Lecksuchröhre *(f)*; Lecknachweisgerät *(n)*
leak hunting; leak(age)testing; leak proving; leak detection; leakage detection	Lecksuche *(f)*; Leckprüfung *(f)*
leak proving; leak detection; leakage detection; leak(age) testing; leak hunting	Lecksuche *(f)*; Leckprüfung *(f)*
leak rate; leakage rate	Leckrate *(f)*
leak test mass spektrometer	Lecksuchmassenspectrometer *(n)*
leech box [vacuum testing]	Saugkasten *(m)* [Vakuumprüfung]
LEFM; linear elastic fracture mechanics	LEBM; linear-elastische Bruchmechanik *(f)*

leg dimension of weld	Schenkellänge *(f)* der Naht
leg supports *(pl)*	Stützfüße *(m, pl)*; Einzelstützen *(f, pl)*
length of skirt; skirt length [US]	Höhe *(f)* des zylindrischen Bords
length of straight pipe	abgewickelte Rohrlänge *(f)*; gestreckte Rohrlänge *(f)*
length of the girder between supports	freie Stützlänge *(f)* des Trägers
lens gasket	Linsendichtung *(f)*
lens shaped joint ring	Dichtlinse *(f)*; Linsendichtung *(f)*
level drain [tank]	Überlauf *(m)* [Tank]
level gauge	Füllstandanzeiger *(m)*
lever	Hebelarm *(m)*
lever-feedback valve; servovalve	Servoventil *(n)* mit Hebelrückführung
lever-lifting type gate valve	mit Hebel angehobener Schieber *(m)*
lever-operated valve [directional]	hebelbetätigtes Wegeventil *(n)*
lever valve	Hebelventil *(n)*
lift; travel moment [valve]	Hub *(m)* [Ventil]
lifting lug	Tragknagge *(f)*; Tragöse *(f)*
lifting roof; breather roof; breathing roof	atmosphärisches Dach *(n)*; Atemdach *(n)*
lift off a seat [V] [valve]	abheben [V] von einem Sitz [Ventil]
lift-off effect [electromagnetic testing]	Abzieheffekt *(m)* [elektromagnetische Prüfung]
lift pressure [valve]	Anhebedruck *(m)* [Ventil]
lift valve	Hubventil *(n)*
ligament	Steg *(m)* [Rohrfeld]
ligament	Ligament *(n)* [Bruchmechanik]
ligament, atypical . . . [tubesheet]	von der normalen Anordnung abweichender Steg *(m)* [Rohrboden]
ligament, isolated . . .	einzelner Steg *(m)*
ligament, typical . . . [tubesheet]	regulärer Steg *(m)* [Rohrboden]
ligament crack	Stegriß *(m)* [Rohrfeld]
ligament efficiency; efficiency of ligaments between tubeholes [tubesheet]	Verschwächungsbeiwert *(m)* der Rohrlochstege; Rohrlochsteg-Verschwächungsbeiwert *(m)* [Rohrboden]
ligament stress	Stegbeanspruchung *(f)*; Stegspannung *(f)* [Rohrfeld]
limit [gen.]	Grenze *(f)*; Begrenzung *(f)*; Grenzwert *(m)* [allg.]
limit analysis	Traglastverfahren *(n)*; Grenztragfähigkeitsanalyse *(f)*; Fließgelenkverfahren *(n)* [ausgehend von einem ideal elastisch-plastischen Werkstoffverhalten werden auf der Basis des Fließgelenkkonzepts in Verbindung mit statisch verträglichen Spannungs- und kinematisch verträglichen Verschiebungsfeldern untere und obere Grenzwerte der Traglast ermittelt]
limit load	Grenzlast *(f)*; Höchstlast *(f)*
limit to crack propagation	Rißfortpflanzungsgrenzwert *(m)*; Grenzwert *(m)* der Rißfortpflanzung
linear elastic fracture mechanics; LEFM	linear-elastische Bruchmechanik *(f)*; LEBM
linear expansion	Längsdehnung *(f)*

linear inclusion

linear inclusion; slag line [weld imperfection]	Schlackenzeile *(f)* [Nahtfehler]
linear intercepts *(pl)* of grain boundaries, to make ...	Linienschnittverfahren *(n)*, die Korngröße nach dem ... bestimmen
linear misalignment; linear offset [weld imperfection]	Kantenversatz *(m)* [Schweißnahtfehler; die geschweißten Teile sind parallel versetzt]
linear porosity [weld imperfection]	Porenzeile *(f)*; Porenkette *(f)* [Nahtfehler]
linear slag line; elongated slag inclusion [weld imperfection]	Schlackenzeile *(f)* [zeilenförmige Einlagerung im Schweißgut; Nahtfehler]
line axis	Leitungsachse *(f)* [Rohrleitung]
line branching; pipe branching	Rohrverzweigung *(f)*; Leitungsverzweigung *(f)*
line load	Streckenlast *(f)*
line loss	Leitungsverlust *(m)*
line-mounted valve; direct-mounted valve	Rohrventil *(n)*; Leitungsventil *(n)*
line network	Rohrnetz *(n)*; Leitungsnetz *(n)*
line of support	Abstützungslinie *(f)*
line of the gasket reaction	Reaktionslinie *(f)* der Dichtung
line pressure	Leitungsdruck *(m)*; Druck *(m)* in der Leitung
liner	Auskleidung *(f)*
liner; telescoping sleeve; internal sleeve [expansion joint]	Teleskophülse *(f)* [zur Verminderung des Kontakts zwischen der inneren Oberfläche von Kompensatorbälgen und dem Strömungsmittel]
line rupture protection valve	Rohrbruchventil *(n)*
line shock; hydraulic shock; water hammer	hydraulischer Stoß *(m)*; Druckstoß *(m)*; Wasserschlag *(m)*; Druckschlag *(m)*
lines *(pl)* of flux [magn. t.]	Kraftlinienfluß *(m)* [Magnetpulverprüfung]
line-spring model [Rice a. Levy]	Leitungsfeder-Modell *(n)* [Rice u. Levy]
line sway	Schwingungen *(f, pl)* der Rohrleitung; Leitungsschwingungen *(f, pl)*
line-up clamp; alignment clamp; air (line-up) clamp	Druckluftzentrierklammer *(f)*; Preßluftzentrierklammer *(f)*
link pin	Anlenkbolzen *(m)*
link stay	Eckanker *(m)*
lip seal	Dichtlippe *(f)*
lip seal fitting	Rohrverbindung *(f)* mit Dichtlippe
liquation crack	Aufschmelzungsriß *(m)* [nur die niedrigschmelzende Phase z. B. an einer Korngrenze wird aufgeschmolzen]
liquation (melting) of grain boundary	Korngrenzenaufschmelzung *(f)*
liquid column	Flüssigkeitssäule *(f)*
liquid column coupling [ultras.]	Ankopplung *(f)* mittels Flüssigkeitssäule [US-Prüfung]
liquid coupling nozzle [ultras.]	Stutzen *(m)* für die Ankopplung mit Flüssigkeit [US-Prüfung]
liquid entry	Eindringen *(n)* von Flüssigkeit
liquid level; liquid surface	Flüssigkeitsspiegel *(m)*
liquid level measurement	Füllstandmessung *(f)*
liquid level slot [tank]	Füllstandsöffnung [Tank]
liquid penetrant comparator	Prüfnormal *(n)* für die Eindringmittelprüfung
liquid penetrant examination; penetrant flaw detection; penetrant testing	Eindringmittelprüfung *(f)*

liquid relief valve	Überströmventil (n) [für Flüssigkeiten]
liquid slugging	Stoßwellen (f, pl) durch Flüssigkeiten
liquid surface; liquid level	Flüssigkeitsspiegel (m)
liquid thermal expansion relief valve	Flüssigkeitsüberströmventil (n), auf Wärmeausdehnung ansprechendes ...
liquid-tight	flüssigkeitsdicht
live load; superficial load	Verkehrslast (f)
load	Last (f); Belastung (f)
load carrying capacity	Tragfähigkeit (f)
load concentration factor	Lastkonzentrationsfaktor (m)
load cycles (pl), number of ...	Lastspielzahl (f)
load cycling	Lastwechselbeanspruchungen (f, pl)
load deflection curve	Durchbiegungskurve (f)
load displacement curve	Last-Verschiebungskurve (f)
load fluctuation; load variation	Lastschwankung (f)
load history	Lastverlauf (m) [zeitlich]
loading frequency	Beanspruchungshäufigkeit (f)
loading rate	Belastungsgeschwindigkeit (f)
loading sequence	Belastungsfolge (f)
loading weight	Belastungsgewicht (n)
load redistribution	Lastumverteilung (f)
load reversal	Umkehrung (f) der Last; Lastumkehrung (f)
load sensivity	Lastempfindlichkeit (f); Lastansprechen (n)
load sequence	Lastfolge (f)
load spectrum	Belastungsfolge (f); Lastspektrum (n)
load spectrum [under service conditions]	Beanspruchungscharakteristik (f)
load stress	Belastungsspannung (f)
load surges (pl); load swings (pl)	Laststöße (m, pl)
load test	Belastungsprobe (f); Belastungsprüfung (f)
load torque	Lastmoment (n)
load variation; load fluctuation	Lastschwankung (f)
lobster-back cladding	Segmentverkleidung (f)
lobster-back construction [insulation]	Segmentschnitt (m) [Verkleidung]
local fusion caused by the clamps [weld imperfection]	Schmorstelle (f) [Anschmelzung an der Werkstückoberfläche im Bereich von Stromkontaktquellen; Nahtfehler]
localized (intermittent) undercut	nicht durchlaufende Einbrandkerbe (f) [Nahtfehler]
localized porosity; clustered porosity; cluster of pores [weld imperfection]	Porennest (n) [örtlich gehäufte Poren; Nahtfehler]
local mass transfer coefficient	örtlicher Stoffübergangskoeffizient (m)
local overstrain	örtlich bleibende Formänderung (f)
local pressure loss	örtlicher Druckverlust (m)
local strain	örtliche Verformung (f)
local structural discontinuity	örtliche Struktur-Diskontinuität (f)
local thermal stress	örtliche Temperaturspannung (f); örtliche Wärmespannung (f)
locating bearing	Festlager (n)
locating flange	Festpunkt-Flansch (m)
location remote from discontinuities	ungestörter Bereich (m)
locking ring	Sicherungsring (m)

lock-in phenomenon

lock-in phenomenon; wake capture phenomenon	Einschließungsphänomen *(n)*; Mitnahmeeffekt *(m)* [Synchronisation der Rohreigenfrequenzen mit eventuell auftretenden Wirbelablösungen]
longitudinal baffle	Längsleitwand *(f)*; Längsleitblech *(n)*
longitudinal crack [weld imperfection]	Längsriß *(m)* [Schweißnahtfehler; tritt auf im Schweißgut, im Übergang, in der Wärmeeinflußzone (WEZ), im Grundwerkstoff]
longitudinal flaw	Längsfehler *(m)*
longitudinal hub stress	Längsspannung *(f)* im Ansatz
longitudinal magnetization technique [magn. t.]	Längsmagnetisierungstechnik *(f)*
longitudinal moment loading	Beanspruchung *(f)* durch ein Längsmoment
longitudinal pitch	Längsteilung *(f)*
longitudinal pressure stress	Längsdruckspannung *(f)*
longitudinal wave pulse-echo contact technique [ultras.]	Impuls-Echo-Verfahren *(n)* mit impulsförmigen Longitudinalwellen in Kontakttechnik [US-Prüfung]
long-term behaviour	Langzeitverhalten *(n)*
long-term elevated temperature strength	Langzeitwarmfestigkeit *(f)*
long-term elevated temperature values *(pl)*	Langzeit-Warmfestigkeitswerte *(m, pl)*
loose mill scale	loser Walzzunder *(m)*
loose-type flange; slip-on flange	loser Flansch *(m)*; Überschiebflansch *(m)*
loose-type hubbed flange	loser Flansch *(m)* mit Ansatz
louvred fin	eingeschlitzte Rippe *(f)*
low-cycle fatigue; LCF	Ermüdung *(f)* bei niedriger Lastspielzahl; niederzyklische Ermüdung *(f)* [Ermüdung bei hoher Spannungsschwingbreite und dementsprechend kleiner Lastwechselzahl]
low-cycle fatigue cracks *(pl)*	Ermüdungsrisse *(m, pl)* im Niedrig-Lastwechselbereich
low cycles *(pl)*	niedrige Lastwechsel *(m, pl)*
lower bound collapse load	untere Grenzlast *(f)* [untere Eingrenzung der Grenzlast bei der Grenztragfähigkeitsanalyse]
lower edge of the shell	Mantelunterkante *(f)*
lowering valve	Absenkventil *(n)*; Senkventil *(n)*
lower shelf [impact test]	Tieflage *(f)* [beim Kerbschlagbiegeversuch]
low-finned tube	niedrig beripptes Rohr *(n)*
low levels *(pl)* of fluctuations of applied stress	niederfrequente Spannungswechsel *(m, pl)*
low-load condition	Schwachlastzustand *(m)*
low-operating level [tank; floating roof]	niedrigste Betriebsstellung *(f)* [Schwimmdecke; Tank]
low-pitched roof [tank]	schwach geneigtes Dach *(n)* [Tank]
low pressure	Niederdruck *(m)*

low-strength bolting	niederfestes Schraubenmaterial *(n)*
low-stress stamp	Stempel *(m)* zur Vermeidung der Einbringung zu hoher Spannungen
low-temperature impact properties *(pl)*	Kaltzähigkeitseigenschaften *(f, pl)*
low-temperature thermomechanical treatment; LTTMT	Umformung *(f)* im metastabilen Austenitgebiet
lug	Öse *(f)*; Pratze *(f)*

machining marks

M

machining marks (pl)	Rattermarken (f, pl) [auf die Bearbeitung (f) zurückzuführende Narben]
macrograph; macrosection	Makroschliffbild (n); Makrobild (n) [Schliffbild, das das Makrogefüge verdeutlicht]
macrostructure	Grobstruktur (f); Grobgefüge (n)
macrostructure analysis, X-ray ...	Röntgengrobstrukturanalyse (f); röntgenographische Analyse (f) der Grobstruktur
magnetic field indicator [magn. t.]	Magnetfeldindikator (m) [Magnetpulverprüfung]
magnetic field strength; magnetizing force [magn. t.]	magnetische Feldstärke (f) [Magnetpulverprüfung]
magnetic flaw detection ink [magn. t.]	Prüfflüssigkeit (f) [Magnetpulverprüfung]
magnetic particle buildup	Ansammlung (f) von magnetischen Teilchen/Partikeln
magnetic particle examination; magnetic particle testing [US]; magnetic particle flaw detection [UK]	Magnetpulverprüfung (f); Magnofluxprüfung (f)
magnetic particle field indicator [magn. t.]	Magnetpulverflußindikator (m) [Magnetpulverprüfung]
magnetizing force; magnetic field strength [magn. t.]	magnetische Feldstärke (f) [Magnetpulverprüfung]
magnetizing force, application of a ... [magn. t.]	Anlegen (n) einer magnetischen Feldstärke [Magnetpulverprüfung]
main anchor	Hauptfestpunkt (m)
main compression member [tank]	Hauptdruckstab (m) [Tank]
maldistribution of flow	mangelhafte Strömungsverteilung (f)
male and female face [flange]	Dichtfläche (f) mit Vor- und Rücksprung [Flansch]
male branch tee; male side tee	T-Verschraubung (f) mit Einschraubzapfen im Abzweig
male connector; port connection; male elbow; street elbow	Einschraubverbindung (f); Winkelverschraubung (f); Einschraubzapfen (m); Einschraubwinkel (m)
male end fitting; plug end fitting; port fitting	Einschraubverschraubung (f)
male face [gasket]	Vorsprung (m) [Dichtfläche]
male hose connector; male hose end	Schlauchstutzen (m) mit Außengewinde
male run tee; street tee	T-Verschraubung (f) mit Einschraubzapfen im durchgehenden Teil
manhole closure	Mannlochverschluß (m)
manhole cover plate	Mannlochdeckel (m)
manhole cover stud	Mannlochdeckelbolzen (m)
manhole davit	Mannlochschwenkvorrichtung (m)
manholed head [US]; manholed end [UK]	Mannlochboden (m)
manhole frame	Mannlochrahmen (m)
manhole neck	Mannlochansatz (m)
manual metal-arc welding with covered electrodes	Lichtbogenhandschweißen (n) mit umhüllten Elektroden

manual scanning; manual testing [ultras.]	Abtasten (n) von Hand; Handprüfung (f) [US-Prüfung]
manufacturer	Hersteller (m)
manufacturer's status report [quality assurance manual]	Hersteller-Baubericht (m) [Qualitäts-Sicherungs-Handbuch]
manufacturing process	Herstellungsverfahren (n)
manufacturing quality control	Herstellungskontrolle (f)
manufacturing supervision [by works inspection (department)]	Bauüberwachung (f) [im Werk durch Werksabnahme]
manway neck	Mannlochkragen (m)
manway (opening) [tank]	Mannloch (n) [Tank]
masonry walls (pl) [tank]	Mauerwerkswände (f, pl) [Tank]
mass exchange	Stoffaustausch (m)
mass flow; mass flux; mass throughput	Durchflußmenge (f); Massenfluß (m); Massenstrom (m); Stoffstrom (m); Massendurchsatz (m); Mengenstrom (m)
mass flow density; mass flux density	Massenstromdichte (f)
mass flowmeter	Massendurchsatzmeßgerät (n)
mass flux; mass flow; mass throughput	Massenstrom (m); Mengenstrom (m); Durchflußmenge (f); Massenfluß (m); Stoffstrom (m); Massendurchsatz (m)
mass flux density; mass flow density	Massenstromdichte (f)
mass spectrometer leak detector; MSLD	Massenspektrometerlecksuchgerät (n)
mass throughput; mass flow; mass flux	Durchflußmenge (f); Massenfluß (m); Massenstrom (m); Stoffstrom (m); Massendurchsatz (m); Mengenstrom (m)
mass transfer	Stoffübertragung (f); Stoffübergang (m)
mass transfer coefficient, local . . .	örtlicher Stoffübergangskoeffizient (m)
master gauge, calibrated . . .	geeichtes Kontrollmanometer (n)
master stamping	Hauptkennzeichnung (f)
master valve	Hauptventil (n)
material certificate	Werkstoffnachweis (m)
material expulsion [weld imperfection]	Werkstoffauspressung (f) [zwischen den geschweißten Werkstücken; ausgepreßter Werkstoff, auch als Spritzer; Nahtfehler]
material identify check	Werkstoffverwechslungsprüfung (f)
material properties (pl)	Werkstoffeigenschaften (f, pl)
material strain history	Dehnungsverlauf (m) des Werkstoffes [zeitlich]
material with high retentivity	hochremanenter Werkstoff (m)
mating dimension	Anschlußmaß (n) [Rohrleitungen; Kanäle]
mating flange; counter flange	Gegenflansch (m)
mating surface; face; facing [flange]	Dichtfläche (f) [Flansch]
maximum allowable working pressure; MAWP [US]; design pressure [UK]	zulässiger Betriebsüberdruck (m); obs.: Genehmigungsdruck (m)
maximum distortion energy theory [Huber, v. Mises, Hencky]	Gestaltänderungsenergiehypothese (f); Hypothese (f) der größten Gestaltsänderungsarbeit [Huber, v. Mises, Hencky]
maximum load	Höchstlast (f)
maximum pressure	Maximaldruck (m)

maximum shear (stress) theory

maximum shear (stress) theory [Coloumb, Guest, Mohr]	Schubspannungshypothese *(f)*; Hypothese *(f)* der größten Schubspannung [Coulomb, Guest, Mohr]
maximum strain energy theory [Beltrami]	Hypothese *(f)* der größten Formänderungsarbeit [Beltrami]
maximum strain theory [Mariotte, St. Venant, Bach]	Hypothese *(f)* der größten Dehnung/Gleitung [Mariotte, St. Venant, Bach]
maximum stress theory [Rankine]	Hypothese *(f)* der größten Normalspannung [Rankine]
maximum sustained fluid operating pressure	höchster Betriebsdruck *(m)* des Arbeitsmittels
mean metal temperature	mittlere Wandtemperatur *(f)*
mean stress	Mittelspannung *(f)*
mean time between failure; MTBF	mittlerer Ausfallabstand *(m)*; mittlere störungsfreie Zeit *(f)*
mean time to failure; MTTF	konstante Ausfallrate *(f)*
mean time to repair; MTTR	mittlere Komponenten-Nichtverfügbarkeit *(f)*
mechanical damage to the workpiece surface caused by clamps	Spannmarkierung *(f)* [mechanisch beschädigte Werkstückoberfläche im Bereich der Spannbacken]
mechanical interlock	mechanische Arretierung *(f)*
mechanical properties *(pl)* [material]	Festigkeitseigenschaften *(f, pl)* [Werkstoff]
mechanical seal; mechanical shaft-seal	Gleitringdichtung *(f)*
mechanical stress	mechanische Spannung *(f)*; Spannung *(f)* infolge mechanischer Belastung
mechanical test of production weld; production control test	Arbeitsprüfung *(f)*
melt flow index; MFI	Schmelzindex *(m)* [Fließverhalten von Polyäthylen (PE) im thermoelastischen Zustand]
melt-in technique of welding	Einschmelz-Schweißtechnik *(f)*
membrane stress	Membranspannung *(f)*
membrane stress concentration factor	Membranspannungsformzahl *(f)*
membrane stress correction factor	Korrekturfaktor *(m)* für die Membranspannung
membrane yielding	plastisches Fließen *(n)*
meridional bending stress	Biegespannung *(f)* in Meridianrichtung
metal-arc welding	Metall-Lichtbogenschweißen *(n)*
metal bellows	Metallbalg *(m)*
metal bellows seal	Metallbalgdichtung *(f)*
metal diaphragm seal	Metallmembrandichtung *(f)*
metal gasket; metal seal	Metalldichtung *(f)*
metal hose; flexible metallic tube	Metallschlauch *(m)*
metal inert gas welding; MIG welding [UK]; gas metal-arc welding; GMAW [US]	Schutzgas-Metall-Lichtbogenschweißen *(n)*; MIG-Schweißen *(n)*
metallic inclusion [weld imperfection]	Fremdmetalleinschluß *(m)* [Einlagerung eines Fremdmetallteilchens im Schweißgut; Nahtfehler]
metal-O-gasket	Runddichtung *(f)* [Metall]
metal screen [radiog.]	Metallfolie *(f)* [Durchstrahlungsprüfung]
metal sprayed coating	metallischer Spritzüberzug *(m)*
metal spraying	metallische Spritzbeschichtung *(f)* [Vorgang]

modulus of elasticity

metal temperature	Wandtemperatur *(f)*; Werkstofftemperatur *(f)*
method of caustics	Kaustikflächenmethode *(f)*
method of similarity	Ähnlichkeitsverfahren *(n)*
microfissure	Mikroriß *(m)*
micrograph; microsection	Mikroschliffbild *(n)*; Mikrobild *(n)* [Schliffbild, das das Feingefüge verdeutlicht]
microshrinkage [weld imperfection]	Mikrolunker *(m)* [Schwingungshohlraum im Schweißgut; Nahtfehler]
microstructure	Mikrostruktur *(f)*; Feingefüge *(n)*
microstructure analysis, X-ray ...; X-ray diffraction analysis	Röntgenfeinstrukturanalyse *(f)*; Röntgenbeugungsuntersuchung *(f)*; röntgenographische Analyse *(f)* der Feinstruktur
MIG welding; metal inert gas welding [UK]; gas metal arc welding; GMAW [US]	Schutzgas-Metall-Lichtbogenschweißen *(n)*; MIG-Schweißen *(n)*
mill certificate	Werksprüfbescheinigung *(f)*
milled-body bolt [tank]	Dehnschraube *(f)* [Tank]
mill edge	Naturkante *(f)* [Walzkante]
mill scale	Walzzunder *(m)*
mill test	Werksprüfung *(f)*
mill test pressure	Werksprüfdruck *(m)*
mill test report	Abnahmeprüfzeugnis *(n)*
minimum area through seat bore	Düsendurchmesser *(m)* [Sitzdurchmesser beim Sicherheitsventil]
minimum design seating stress; yield factor [gasket]	Mindestflächenpressung *(f)* [für das Vorverformen der Dichtung; Dichtungskennwert; kleinste mittlere Flächenpressung, die im Betrieb notwendig ist, um ein erforderliches Dichtverhalten der Dichtung zu erzielen]
minimum detectable leak	kleinstes nachweisbares Leck *(n)*
minimum ratio between DNB heat flux and local heat flux; minimum DNBR; critical heat flux ratio	Siedeabstand *(m)* [Siedegrenzwert]
misaligned weld	Nahtversatz *(m)*
misalignment [weld imperfection]	Fluchtfehler *(m)*; Lagenversatz *(m)* [z. B. bei Stumpfnähten asymmetrische Kapplage; Nahtfehler]
mitre bend	Segmentkrümmer *(m)*
mitre box	Gehrungsschmiege *(f)*
mitre cut	Gehrungsschnitt *(m)*
mitre joint	Gehrungsstoß *(m)*
mitre joint butt welds *(pl)*	stumpfgeschweißte Gehrungsnähte *(f, pl)*
mitre segment	Krümmersegment *(n)*; Gehrungssegment *(n)*
mitre weld	Gehrungsschweißnaht *(n)*
mixed condensation	Mischkondensation *(f)*
mixer nozzle attachment [tank]	Mischerstutzen-Befestigung *(f)* [Tank]
mixing loop	Mischschleife *(f)* [Rohrleitung]
mixing pipe	Mischstrecke *(f)*
mode of failure; failure mode	Versagensart *(f)*; Versagensmodus *(m)*; Schadensmodus *(m)*
moderate strength material	mittelfester Werkstoff *(m)*
modulus of elasticity; Young's modulus	Elastizitätsmodul *(m)*

modulus of rigidity

modulus of rigidity; shear modulus; rigidity modulus	Schubmodul *(m)*; Schermodul *(m)*; Gleitmodul *(m)*
moment arm	Hebelarm *(m)* [Flanschberechnung]
moment loading	Momentenbelastung *(f)*
moment of inertia	Trägheitsmoment *(n)*
moment of resistance	Widerstandsmoment *(n)*
moving concentrated load	bewegliche Einzellast *(f)*
moving seal; dynamic seal	Bewegungsdichtung *(f)*; dynamische Dichtung *(f)*
MSF; multi-stage flash evaporation	mehrstufige Entspannungsverdampfung *(f)*
MSLD; mass spectrometer leak detector	Massenspektrometerlecksuchgerät *(n)*
MTBF; mean time between failure	mittlerer Ausfallabstand *(m)*; mittlere störungsfreie Zeit *(f)*
MTTF; mean time to failure	konstante Ausfallrate *(f)*
MTTR; mean time to repair	mittlere Komponenten-Nichtverfügbarkeit *(f)*
multi-chamber vessel	Behälter *(m)* mit mehreren Druckräumen
multi-directional magnetization [magn. t.]	Mehrrichtungsmagnetisierung *(f)* [Magnetpulverprüfung]
multi-layer weld	Mehrlagenschweißnaht *(f)*
multi-phase medium	mehrphasiges Medium *(n)*
multi-ply construction [bellows]	Mehrlagenbauart *(f)* [Balg]
multi-run deposits *(pl)* [weld]	Mehrlagenschweißungen *(f, pl)* [Lagenaufbau]
multi-run welding	Mehrlagenschweißen *(n)*
multi-stage flash evaporation; MSF	mehrstufige Entspannungsverdampfung *(f)*
multi-support excitation	Beaufschlagung *(f)* von Auflagerpunkten mit unterschiedlichen Spektren

N

nameplate	Fabrikschild (n); Typenschild (n)
napsack weld [weld imperfection]	Rucksacknaht (f) [Nahtfehler]
narrow-faced flange	Flansch (m) mit schmaler Dichtfläche
narrow-gap welding	Engspalt-Schweißen (n)
natural convection	freie Konvektion (f); natürliche Konvektion (f)
natural frequency	Eigenfrequenz (f)
NDE; non-destructive examination [US]; NDT; non-destructive testing [UK]	zerstörungsfreie Prüfung (f); ZfP
NDT temperature; nil-ductility transition temperature	NDT-Temperatur (f); Sprödbruch-Übergangstemperatur (f); Nullzähigkeitstemperatur (f)
near surface discontinuity	oberflächennahe Werkstofftrennung (f)
neck	Ansatz (m)
neck height	Ansatzhöhe (f)
neck plate [tank]	Ansatzblech (n) [Tank]
negative buoyancy [tank]	Auftriebssicherung (f); Untertrieb (m) [Tank]
net bending moment	Nettobiegemoment (n)
net section yielding	Ligamentfließen (n)
neutron radiographic testing; NRT	Neutronenradiographie (f)
nil-ductility transition temperature; NDT temperature	Sprödbruch-Übergangstemperatur (f); NDT-Temperatur (f); Nullzähigkeitstemperatur (f)
nitrogen diffusion crack; ageing-induced crack	Alterungsriß (m) [entsteht durch Alterungsvorgänge]
no-break criterion, to meet the ...	bruchfrei bleiben
node reflection; skip distance [ultras.]	Sprungabstand (m) [US-Prüfung]
nodular-graphite cast iron; spheroidal graphite cast iron; ductile cast iron	Gußeisen (n) mit Kugelgraphit; sphärolitisches Gußeisen (n); Kugelgraphit-Gußeisen (n)
no-flow condition	strömungsloser Zustand (m)
no-load flow; zero-load flow	Durchflußstrom (m) bei Nullast; Nullast-Durchflußstrom (m)
nominal capacity [tank]	Nenninhalt (m) [Tank]
nominal design strength (value)	Festigkeitskennwert (m) [Nennfestigkeit]
nominal design stress	zulässige Spannung (f)
nominal diameter	Nenndurchmesser (m)
nominal flow rate	Nenndurchflußstrom (m); Nennstrom (m)
nominal (net-section) stress	Nettonennspannung (f)
nominal operating pressure; nominal working pressure	Nennarbeitsdruck (m); Nennbetriebsdruck (m)
nominal pipe size; NPS	Rohrnennweite (f) [mit DN gekennzeichnet]
nominal pressure; rated pressure	Nenndruck (m) [mit PN gekennzeichnet]
nominal set-to-operate pressure [valve]	Nennansprechdruck (m) [Ventil]
nominal solid deflection [valve]	Nennfederweg (m); größtmöglicher Federweg (m) einer Ventilfeder; Blocklänge (f)
nominal wall thickness	Nennwanddicke (f)
nominal water containing capacity [tank]	Nennwasserinhalt (m) [Tank]
non-bearing wall	nichttragende Wand (f)
non-choked flow	nicht blockierte Strömung (f)

non-contact scanning	
non-contact scanning; gap scanning [ultras.]	berührungslose Prüfung *(f)* [US-Prüfung]
non-continuous weld [weld imperfection]	Undichtheit *(f)* [Unzureichend geschweißte Naht z. B. zu großer Schweißpunktabstand oder zu kleine Schweißpunkte; Nahtfehler]
non-disturbed flow	ausgebildete Strömung *(f)*
non-equilibrium flows *(pl)*	Nicht-Gleichgewichtsströmungen *(f, pl)*
non-flared fitting; flareless joint	bördellose Rohrverbindung *(f)*
non-fusing metal retainer	nicht abschmelzbare metallische Schweißbadsicherung *(f)*
non-isolated plain bar stays *(pl)*	mehrfach angeordnete Vollanker *(m, pl)*
non-metallic expansion joint	Weichstoffkompensator *(m)*
non-operating periods *(pl)*	Stillstandszeiten *(f, pl)*
non-planar defect	nicht flächiger Fehler *(m)*
non-pressure retaining part	druckloses Teil *(n)*
non-reclosing pressure relief device	nicht wiederschließende Sicherheitseinrichtung *(f)* gegen Drucküberschreitung
non-return flap	Rückschlagklappe *(f)* [grobe Armatur]
non-return valve; check valve	Rückschlagventil *(n)*; Rückschlagklappe *(f)*; Rückströmsicherung *(f)*
non-rising stem; non-rising spindle [valve]	nichtsteigende Spindel *(f)* [Ventil]
non-scaling	zunderarm
non-uniform electrode indentation	unregelmäßiger Elektrodeneindruck *(m)*
non-uniform excitation	ungleichförmige Erregung *(f)*
non-uniform flow	ungleichförmige Strömung *(f)*
non-uniform temperature distribution	ungleichförmige Temperaturverteilung *(f)*
non-uniform thickness bend	Krümmer *(m)* mit ungleicher Wanddicke
normal-beam immersion probe [ultras.]	Normalprüfkopf *(m)* für Tauchtechnik [US-Prüfung]
normalizing	Normalglühen *(n)*
normal probe [ultras.]	Normalprüfkopf *(m)* [US-Prüfung]
normal stress; direct stress	Normalspannung *(f)*
notch	Kerbe *(f)*
notched-bar impact test; impact test(ing)	Kerbschlagbiegeversuch *(m)*
notched round bar	gekerbter Rundstab *(m)*
notch effect	Kerbwirkung *(f)*
notch root	Kerbgrund *(m)*
notch sensitivity	Kerbempfindlichkeit *(f)*
notch toughness	Kerbschlagzähigkeit *(f)*; Kerbzähigkeit *(f)*
nozzle closure member	Stutzenverschluss *(m)*
nozzle crotch; crotch of a nozzle	Stutzengabelung *(f)*; Gabelung *(f)* eines Stutzens
nozzle drop out	Stutzen-Abfallstück *(n)*; Abfallstück *(n)* von einem Stutzen
nozzle geometry	Stutzenanordnung *(f)*
nozzle neck	Stutzenansatz *(m)*; Stutzenhals *(m)*
nozzle projection	Stutzenüberstand *(m)* [ins Behälterinnere]
nozzle transition piece	Stutzenübergangsstück *(n)*
nozzle type valve	Drosselventil *(n)*
nozzle weld	Stutzenschweißnaht *(f)*
NPS; nominal pipe size	Rohrnennweite *(f)* [mit DN gekennzeichnet]

NPT; National (American) Standard Taper Pipe Thread	Standard-Rohrgewinde *(n)* [US-Standard; kegelig]
NRT; neutron radiographic testing	Neutronenradiographie *(f)*
NTU; number of transfer units	Übertragungszahl *(f)*; Zahl *(f)* der Übertragungseinheiten [Wärmetechnik]
nubbin [flange]	Dichtleiste *(f)* [Flansch]
nucleate boiling	Bläschenverdampfung *(f)*; Bläschensieden *(n)*; Blasenverdampfung *(f)*
nucleation	Keimbildung *(f)*; Bläschenbildung *(f)*
nucleation site	Keimbildungsort *(m)*
number of cycles to failure	Bruchlastspielzahl *(f)*
number of stress cycles	Lastwechselzahl *(f)*; Lastspielzahl *(f)* [Dauerversuch]
number of transfer units; NTU	Übertragungszahl *(f)*; Zahl *(f)* der Übertragungseinheiten [Wärmetechnik]

O

OBE; operating base earthquake	Betriebserdbeben *(n)*
object-to-film distance [radiog.]	Abstand *(m)* Werkstückoberfläche-Bildschicht [Durchstrahlungsprüfung]
obround end [UK]; obround head [US]	länglich runder Boden *(m)*
occasional loads *(pl)*	gelegentliche Lasten *(f, pl)*
occlusion	Okklusion *(f)* [Einschließen von ungelöstem Gas in einem Festkörper während der Erstarrung]
off-centre defect	außermittiger Fehler *(m)*
off-centre loading	Beanspruchung *(f)* „weitab von der Mitte"
offset [gen.]	Abbiegung *(f)*; Absatz *(m)*; Versatz *(m)*; Abzweigung *(f)*; Hervorstehen *(n)*; Kröpfung *(f)* [allgem.]
offset [pipe]	Abbiegung *(f)*; S-Stück *(n)* [Rohrleitung]
offset bend	Etagenkrümmer *(m)*
offset piping	außermittige Rohrleitungen *(f, pl)*
offset section	abgekröpfter Teil *(m)*
offset strip-finned plate heat exchanger	Rippenplattenwärmeaustauscher *(m)* mit verzahnten Rippen [aus Metallband bestehende Rippen in versetzter Anordnung]
offset yield strength, 0.2% ...	Ersatzstreckgrenze *(f)* bei 0,2% plastischer Dehnung
off-site facilities	Hilfs- und Nebenanlagen *(f, pl)*, außerhalb des Baufeldes befindliche ...
oil-to-air heat exchanger; air-oil heat exchanger	Öl/Luft-Wärmeaustauscher *(m)*
olive ball sleeve	Doppelkegelring *(m)*
omega-type expansion joint	Balgkompensator *(m)* mit lyraförmig gebogenen Wellenflanken
onset of crack extension	Anfangspunkt *(m)* eines sich ausdehnenden Risses
onset of plasticity	Einsetzen *(n)* der plastischen Verformung
opening	Aussparung *(f)*; Ausschnitt *(m)*; Öffnung *(f)*
opening, ringwall ... [tank]	Aussparung *(f)* im Ringbalken [Tank]
opening connection	Ausschnittsanschluß *(m)*
open-top compartments *(pl)* [tank]	offene Zellen *(f, pl)* [tank]
open-top tank	oben offener Tank *(m)*
open-web joints *(pl)* [tank]	Fachwerkverbände *(m, pl)* [Tank]
operating base earthquake; OBE	Betriebserdbeben *(n)*
operating bolt stress	Schraubenkraft *(f)* im Betriebszustand
operating margin [valve]	Grenze *(f)* des Arbeitsbereichs [Ventil]
operation; service	Betrieb *(m)*
operational stress range	betriebliche Spannungsschwingbreite *(f)*
operational upper limit stress	oberer betrieblicher Spannungsgrenzwert *(m)*
optimisation of stresses; stress optimisation	Spannungsoptimierung *(f)*
orange-peel bulb plug	apfelsinenschalenförmiger Blindverschluß *(m)*
orange-peel construction [insulation]	Zeppelinschnitt *(m)*; Apfelsinenschnitt *(m)* [Isolierung]
orange-peel swage	apfelsinenschalenförmiges Reduzierstück *(n)*

overload

orifice	Drosselblende *(f)* [als Meßblende]
orifice baffle [shell-and-tube heat exchanger]	Mantelraum-Trennblech *(n)* [Rohrbündelwärmeaustauscher]
orifice flange	Meßscheibenflansch *(m)*
orifice with (single) pressure-tap hole	Meßblende *(f)* mit Einzelanbohrung
O-ring gasket; O-ring seal	O-Ring-Dichtung *(f)*
oscillating forces *(pl)*	Schwingungskräfte *(f, pl)*
oscillation; weaving [electrode]	Pendelbewegung *(f)* [Elektrode]
oscillation length [electrode]	Pendellänge *(f)* [Elektrode]
oscillation width [electrode]	Pendelbreite *(f)*; Pendelweite *(f)* [Elektrode]
outdoor type construction method	Freiluftbauweise *(f)*
outdoor unit	Freiluftanlage *(f)*
outlet edge; efflux edge	Abströmkante *(f)*; Ausflußkante *(f)*; Abflußkante *(f)*
outlet flange	Austrittsflansch *(m)*
outlet header	Austrittssammler *(m)*
outlet port	Austrittsmündung *(f)*; Austrittsöffnung *(f)*; Austritt *(m)*
out-of plumbness [tank]	Abweichung *(f)* von der Lotrechten [Tank]
out-of-position welding	Vorhand-Schweißen *(n)* [angewendet beim Einschweißen von Rohren in den Boden eines Dampferzeugers bzw. beim Anschweißen von Rohren an einen Sammler aufgrund der besseren Zugänglichkeit; d. h. nicht in Zwangslage geschweißt]
out-of roundness; ovality	Unrundheit *(f)*
out-of true	verformt [Abweichung von der Kreisform]
outside compression flange [tank]	Druckgurt *(m)* [Tank]
outside packed floating head	außen dichtgepackter Schwimmkopf *(m)*
oval disk gate valve	Ovalplattenschieber *(m)*
ovality; out-of-roundness	Unrundheit *(f)*
ovalling	wirbelerregte Schalenschwingungen *(f, pl)* [dynamische Windwirkung in Bauwerken]
overall dimension	Außenabmessung *(f)* [gesamt]
overall efficiency	Gesamtwirkungsgrad *(f)*
overall exchange factor	Gesamtstrahlungsaustauschzahl *(f)*
overall heat transfer coefficient	Wärmedurchgangszahl *(f)*
overall heat transfer resistance; total thermal resistance	Wärmedurchgangswiderstand *(m)*
overall life prediction	Gesamtlebensdauervorhersage *(f)*
overbolting	zu starkes Anziehen *(n)* der Schraubenverbindung
overburden of earth [tank]	Erdoberschicht *(f)* [Tank]
overflow; overflow drainage opening; overflow slot [tank]	Überlauf *(m)*; Überlauföffnung *(f)* [Tank]
overlap [gen.]	Überlappung *(f)*; Übergreifen *(n)*; Überschneiden *(n)* [allg.]
overlap; excessive pass [weld imperfection]	Schweißgutüberlauf *(m)* [übergelaufenes, nicht gebundenes Schweißgut auf dem Grundwerkstoff; Nahtfehler]
overload	Überlast *(f)*

oversizing

oversizing	Überdimensionierung *(f)*
overstrain	bleibende Formänderung *(f)*
overstrain, local ...	örtlich bleibende Formänderung *(f)*
overstressing	Überbelastung *(f)* [zum Abbau von Spannungsspitzen durch örtliches Fließen]
overturning effect [tank]	Kippwirkung *(f)* [Tank]
overturning moment	Kippmoment *(m)*
overwraps *(pl)*	Hüllblechlagen *(f, pl)*
oxide inclusion	Oxidhaut *(f)* [dünne nicht metallische Einlagerung im Schweißgut]
oxygen gouging	autogenes Fugenhobeln *(n)*

P

package equipment	Kompaktausrüstung *(f)*
packed [v]	dichtgepackt [DIchtungspackung]; abgedichtet [durch Verschraubung] [V]
packed-bed reactor	Füllkörper-Reaktor *(m)*
packed floating tubesheet with lantern ring	abgedichteter Schwimmkopfrohrboden *(m)* mit Laternenring
packed gland; packing box; stuffing box; gland	Stopfbuchse *(f)*
packed joints *(pl)*	Dichtpackungsverbindungen *(f, pl)* [Verbindungen mit Packungen aus Dichtungswerkstoffen]
packed valve	Stopfbuchsventil *(n)*; Ventil *(n)* mit Stopfbuchse
packing	Packung *(f)*; Dichtpackung *(f)*; Dichtung *(f)*
packing base ring	Stopfbuchsgrundring *(m)*
packing box; packed gland; stuffing box; gland	stopfbuchslos
packing ring; sealing ring; gasket ring	Dichtungsring *(m)*
packless; glandless	stopfbuchslos
packless valve; glandless valve	stopfbuchsloses Ventil *(n)*
pad [tank]	Fußplatte *(f)* [Tank]
pad, (built-up . . .)	Blockflansch *(m)* [durchgesteckter Ring]
pad (reinforcement); reinforcing pad	scheibenförmige Verstärkung *(f)*; ringförmige Verstärkung *(f)*; Verstärkungsring *(m)*; Verstärkungsscheibe *(f)*; Scheibe *(f)* [Behälterversteifung]
panel edge [tank]	Tafelkante *(f)* [Tank]
pan-type floating roof [tank]	pfannenartiges Schwimmdach *(n)* [Tank]
parallel flow; coflow; cocurrent flow	Gleichstrom *(m)*; parallele Strömung *(f)*
parallel pad	Parallelbacke *(f)* [Rohrhalterung]
parallel path scanning [ultras.]	Abtasten *(n)* entlang parallel Bahnen [US-Prüfung]
parallel slide valve	Parallelplattenabsperrschieber *(m)*; Parallelplattenschieber *(m)* [Ventil]
parent metal [UK]; base metal [UK]	Grundwerkstoff *(m)*
partial jacket	Teilummantelung *(f)*
partial thickness defect	teilweise über die Dicke verlaufender Fehler *(m)*
particle radiation	Teilchenstrahlung *(f)*
partition wall, pass . . .; pass partition plate	Trennwand *(f)*; Durchgangstrennwand *(f)* [Wärmeaustauscher]
part-through thickness crack	teilweise durchgehender Oberflächenriß *(m)*; teilweise durch die Dicke gehender Riß *(m)*
pass; run [welding]	Schweißlage *(f)*
pass partition groove	Trennwandnut *(f)*
pass partition plate; pass partition wall	Durchgangstrennwand *(f)*; Trennwand *(f)* [Wärmeaustauscher]
patrolling [pipeline]	Begehen *(n)* [Rohrleitung]
PAW; plasma arc welding	Plasma-Lichtbogenschweißen *(n)*

PCD

PCD; pitch-circle diameter; bolt circle diameter	Lochkreisdurchmesser *(m)*
peak heat flux	Berechnungs-Wärmestrom *(m)*
peaking **[tank]**	Aufdachung *(f)* [Abweichung von der Zylinderform, waagerecht gemessen; Tank]
peak load	Spitzenlast *(f)*
peak stress	Spannungsspitze *(f)* [Eine Tertiärspannung, die der Primär- und Sekundärspannung überlagert ist. Die grundlegende Eigenschaft besteht darin, daß sie keine merkliche Formänderung hervorruft, jedoch in Verbindung mit Primär- und Sekundärspannungen für die Ermüdung oder Sprödbruchgefahr von Bedeutung sein kann]
peak stress intensity	Spitzenvergleichsspannung *(f)* [Tertiärvergleichsspannung]
peening	Hämmern *(n)*
penalty in design thickness	Zuschlag *(m)* zur berechneten Wanddicke
penetrameter	Bohrloch-Bildgüteprüfsteg *(m)*
penetrameter image	Bild *(n)* des Bohrlochstegs
penetrant bleedout **[penetrant testing]**	Durchschlagen *(n)* des Eindringmittels [Eindringmittelprüfung]
penetrant entrapment **[penetrant testing]**	Entwicklereinschließung *(f)*; Entwicklereinschluß *(m)* [Eindringmittelprüfung]
penetrant flaw detection; penetrant testing; liquid penetrant examination	Eindringmittelprüfung *(f)*
penetrant indication **[penetrant testing]**	Eindringmittelanzeige *(f)* [Eindringmittelprüfung]
penetrant testing; penetrant flaw detection; liquid penetrant examination	Eindringmittelprüfung *(f)*
penetration bead; excessive local penetration **[weld imperfection]**	Schweißtropfen *(m)* [Nahtfehler]
penetrator; incomplete (root) penetration **[weld imperfection]**	ungenügende Durchschweißung *(f)* [Nahtfehler]
penny-shaped crack	Kreisriß *(m)*; münzförmiger Riß *(m)*
percentage elongation (at fracture)	prozentuale Bruchdehnung *(f)*
perforated fin	gelochte Rippe *(f)*
perforated head **[US]; pierced end** **[UK]**	gelochter Boden *(m)*; Boden *(m)* mit Ausschnitten
performance characteristics *(pl)*	Leistungskennlinien *(f, pl)*
performance ratio	Ausnutzungsgrad *(m)*; Nutzungsgrad *(m)* [z. B. von Kondensatoren]
performance trials *(pl)*	Leistungsversuche *(f, pl)*
periodic review	wiederkehrende Prüfung *(f)*
peripheral flanging **[UK]**	Bördeln *(n)* [über den Umfang]
peripheral seal **[tank]**	Randabdichtung *(f)*; Ringraumabdichtung *(f)* [Tank]
peripheral welding	Umfangsschweißen *(n)*
permanent blank	Blinddeckel *(m)*
permanent set	bleibende Verformung *(f)* [plastisch]
permanent strain	bleibende Dehnung *(f)*
permitted coefficient of discharge **[valve]**	zuerkannte Ausflußziffer *(f)* [Ventil]

persistant slip bands *(pl)*	verformungsbedingte Gleitbänder *(n, pl)*; Ermüdungsgleitbänder *(n, pl)*
personnel protection insulation	Berührungsschutz *(m)* [Wärmeisolierung]
Philips ionisation gauge; cold-cathode ionisation gauge	Kaltkathoden-Vakuummeter *(n)*; Philips-Vakuummeter *(n)*
photoelasticity	Spannungsoptik *(f)*; Photoelastizität *(f)*
photoelastic material	spannungsoptisches Material *(n)*
photoelastic model	spannungsoptisches Modell *(n)*
pierced end [UK]; perforated head [US]	Boden *(m)* mit Ausschnitten; gelochter Boden *(m)*
pierced shell	durchbohrter Rohling *(m)* [beim Walzen von Rohren]
pig (scraper)	Rohrmolch *(m)*; Reinigungsmolch *(m)*; Molch *(m)*
pig trap; pig signaller	Molchschleuse *(f)*; Molchmelder *(m)*
pile-support concrete mast [tank]	pfahlgestützter Betonmast *(m)* [Tank]
pile-up ahead of a barrier	Versetzungsaufstauung *(f)* vor einem Hindernis [Strömung]
pilot casting	Probegußstück *(n)*
pilot-controlled; pilot-operated [v]	fremdgesteuert; gesteuert; früher: hilfsgesteuert [V]
pilot-operated pressure relief valve	gesteuertes Druckentlastungsventil *(n)*
pilot-operated safety valve	gesteuertes Sicherheitsventil *(n)*; hilfsgesteuertes Sicherheitsventil *(n)*
pinhole	Pore *(f)*; Schlauchpore *(f)*
pinhole leaks *(pl)*	Leckstellen *(f, pl)* durch Gasporen
pinned gusset stay	verstifteter Blechanker *(m)*
pinpointing indication	Ortungsanzeige *(f)*
pipe	Rohr *(n)* [als Anschluß, Verbindung; zur Förderung von Medien]
pipe alignment guide	zwangsgeführtes Gleitlager *(n)*
pipe band clamp	Rohrschlaufe *(f)*
pipe bend; pipe elbow	Rohrbogen *(m)*; Rohrkrümmer *(m)*
pipe branching; line branching	Rohrverzweigung *(f)*; Leitungsverzweigung *(f)*
pipe clamp	Rohrschelle *(f)*
pipe connection	Rohranschluß *(m)*
pipe cradle	Rohrwiege *(f)*
pipe diameter	Rohrdurchmesser *(m)*
pipe diameter, inside ...	Rohrinnendurchmesser *(m)*
pipe diameter, outside ...	Rohraußendurchmesser *(m)*
pipe elbow; (pipe) bend	Rohrbogen *(m)*; Rohrkrümmer *(m)*
pipe end	Rohrende *(n)*
pipe end, flanged ...	gebördeltes Rohrende *(n)*
pipe end, grooved ...	genutetes Rohrende *(n)*
pipe guide	Rohrführung *(f)* [Bauteil]
pipe half-clamp	Rohrschellenhälfte *(f)*
pipe hanger	Rohraufhängung *(f)* [Bauteil]
pipe leg	Rohrschenkel *(m)*
pipeline	Rohrleitung *(f)*; Pipeline *(f)*
pipe nipple	Rohrdoppelnippel *(m)*
pipe nozzle	Rohrstutzen *(m)*
pipe penetration	Rohrdurchführung *(f)*

pipe rack

pipe rack	Rohrbrücke (f)
pipe routing	Rohrführung (f); Trassenführung (f) [Verlauf]
pipe run; run of pipe; piping run	Rohrstrang (m); Hauptrohr (n)
pipe section	Rohrschale (f) [Isolierung]
pipe section, cylindrical ...	Rohrschuß (m)
pipe sleeve	Rohrhülse (f)
pipe support	Rohrhalterung (f)
pipe supporting elements (pl)	Rohrleitungstragelemente (n, pl)
pipe suspension system	Rohraufhängung (f) [System]
pipe tap connections (pl)	Rohr-Gewindeanschlüsse (m, pl)
pipe thread tapping	Gewindeschneiden (n) [Rohr]
pipe union	Rohrverschraubung (m)
pipe whip restraint	Rohrausschlagsicherung (f)
pipe whip test	Rohrausschlagversuch (m)
pipework	Rohrleitung (f) [System]
piping [gen.]	Rohrleitungen (f, pl) [allg.]
piping, power ...	Rohrleitungen (f, pl) in Kraftanlagen
piping reactions (pl)	Reaktionskräfte (f, pl) [Rohrleitung]
piping run; pipe run; run of pipe	Rohrstrang (m); Hauptrohr (n)
pit [gen.]	Grube (f); Grübchen (n); Einsenkung (f); Eindruck (m) [allg.]
pit	Eindruck (m) [Vertiefung, die durch Entfernen von Fremdmaterial entsteht]
pit [weld imperfection]	Grübchen (n) [örtliche Vertiefung auf der Werkstückoberfläche im Bereich der Linse; Nahtfehler]
pit bellhole welding	Kopflochschweißen (n)
pitch [gen.]	Abstand (m); Teilung (f); Steigung (f) [allg.]
pitch, tube hole ... [head/end]	Lochteilung (f); Rohrlochteilung (f) [Boden]
pitch-circle diameter; PCD; bolt circle diameter	Lochkreisdurchmesser (m)
pitch cone [thread]	Steigungskegel (m) [Gewinde]
pitch diameter [thread]	Flankendurchmesser (m); Teilkreisdurchmesser (m) des Gewindes; Gewinde-Teilkreisdurchmesser (m)
pitch of staybolts	Stehbolzenteilung (f)
pitch thread	Gewindesteigung (f)
pitting attack	Lochfraßangriff (m)
pitting (corrosion)	Lochkorrosion (f); Chloridionenkorrosion (f); Pitting (n)
pitting index	Wirksumme (f)
pittings (pl)	Ätzgrübchen (n, pl) [Grübchen werden durch auf einen Punkt konzentrierende Korrosion gefressen; Grübchenbildung]
plain bar stay	Vollanker (m)
plain cylinder	Vollzylinder (m)
plain end [UK] [also see: plain head]	Vollboden (m); Boden (m) ohne Ausschnitte; ungelochter Boden (m)
plain end tube	Glattend-Rohr (n) [ohne Gewinde]

plain head; unpierced head; blank head [US]; plain end; unpierced end [UK]	Vollboden *(m)*; Boden *(m)* ohne Ausschnitte; ungelochter Boden *(m)*
planar defect	Flächenfehler *(m)*; flächiger Fehler *(m)*
planar flaw [ultras.]	Flächenfehler *(m)*; flächiger Fehler *(m)* [US-Prüfung]
planar pipe alignment guide	Haltepunkt *(m)*, senkrecht zur Rohrachse gleitender . . .
planar reflector [ultras.]	ebener Fehler *(m)*; ebener Reflektor *(m)* [US-Prüfung]
plane load-bearing structures *(pl)*	Flächentragwerke *(n, pl)*
plane of support	Abstützebene *(f)*
plane strain, state of . . .	ebener Dehnungszustand *(m)*; EDZ
plane strain constraints *(pl)*	Behinderung *(f)* der ebenen Verformung
plane strain crack growth	Fortpflanzung *(f)* eines ebenen Verformungsrisses
plane strain fracture	EDZ-Bruch *(m)*
plane strain fracture thoughness	EDZ-Bruchzähigkeit *(f)*; Bruchzähigkeit *(f)* im ebenen Dehnungszustand; Bruchzähigkeit *(f)* bei ebener Formänderung; Bruchzähigkeit *(f)* unter den Bedingungen des ebenen Dehnungszustandes (EDZ)
plane strain plastic zone	plastische Zone *(f)* im EDZ
plane strain testing	EDZ-Prüfung *(f)*
plane stress	ebene Spannung *(f)*
plane stress, state of . . .	ebener Spannungszustand *(m)*; ESZ
plane stress plastic zone	plastische Zone *(f)* im ESZ [ebener Spannungszustand]
plane stress testing	ESZ-Prüfung *(f)*
plant life extension; PLE	Anlagen-Lebensdauerverlängerung *(f)*
plasma arc cutting	Plasma-Lichtbogenschneiden *(n)*
plasma arc welding; PAW	Plasma-Lichtbogenschweißen *(n)*
plasma jet-plasma arc welding	Plasmastrahl-Plasmalichtbogenschweißen *(n)*
plasma jet welding	Plasmastrahlschweißen *(n)*
plasma-MIG-welding	Plasma-Metall-Schutzgasschweißen *(n)*
plastic analysis	plastische Analyse *(f)*
plastic behaviour	plastisches Verhalten *(n)*
plastic collapse	plastischer Kollaps *(m)*; plastisches Versagen *(n)* [zum Zähbruch führende plastische Verformung]
plastic collapse pressure	plastischer Versagensdruck *(m)*
plastic constraint	Plastifizierungsbehinderung *(f)*
plastic constraint factor	Plastifizierungsbehinderungsfaktor *(m)*
plastic deformation	plastische Verformung *(f)*
plastic hinge	Fließgelenk *(n)*
plastic instability load	plastische Instabilitätslast *(f)*
plasticity	Plastizität *(f)*; plastische Verformung *(f)* [spezieller Fall der Inelastizität, bei dem der Werkstoff irreversibel zeitunabhängig verformt ist]
plastic range	plastischer Bereich *(m)*

plastic zone adjustment

plastic zone adjustment [fracture mechanics]	plastische Zonenkorrektur *(f)* [Bruchmechanik]
plate-and-frame heat exchanger; plate-type heat exchanger	Plattenwärmeaustauscher *(m)*
plate-fin heat exchanger	Rippenplatten-Wärmeaustauscher *(m)*
plate heat exchanger with parallel corrugated plates	Plattenwärmeaustauscher *(m)* mit Platten mit Waschbrettmuster
plate ribs *(pl)* [tank]	Rippenbleche *(n, pl)* [Tank]
plate-ring flange [tank]	Blechringflansch *(m)* [Tank]
plate-type air heater	Plattenlufterhitzer *(m)*; Plattenluftvorwärmer *(m)*
plate-type heat exchanger; plate-and-frame heat exchanger	Plattenwärmeaustauscher *(m)*
PLE; plant life extension	Anlagen-Lebensdauerverlängerung *(f)*
plug [gen.]	Blindstopfen *(m)*; Abschlußvorrichtung *(f)*; Pfropfen *(m)*; Abschlußverschraubung *(f)* [allg.]
plug end fitting; port fitting; male end fitting	Einschraubverschraubung *(f)*
plug flow	Pfropfenströmung *(f)*
plugging; clogging [pipe]	Verstopfen *(n)* [Rohrleitung]
plug slug flow	Kolbenblasenströmung *(f)*
plug weld	Lochnaht *(f)*; Lochschweiße *(f)*
plus head [US]	positiver Boden *(m)* [Druck gegen die Innenwölbung]
ply [bellows]	Lage *(f)* [eines Kompensatorbalges]
pneumatically controlled direction valve; air-actuated direction valve; air-controlled direction valve; air-operated direction valve	pneumatisch betätigtes Wegeventil *(n)*; Wegeventil *(n)* mit pneumatischer Verstellung
pneumatic test	Druckprobe *(f)* (mit Luft); Druckprüfung *(f)* (mit Luft)
pod type jacket	geschottete Ummantelung *(f)*
point [bolt; thread end]	Kuppe *(f)* [einer Schraube am Gewindeende]
point load	punktförmige Belastung *(f)*
point of attachment	Anschlußpunkt *(m)*
point of load application	Lastangriffspunkt *(m)*
point of support	Stützstelle *(f)*
point of tangency of flanged tubesheet	Krümmungsanfang *(m)* eines gekrempten Rohrbodens
Poisson's ratio	Querkontraktionszahl *(f)*; Poissonsche Zahl *(f)*
polarity	Polung *(f)*; Polarität *(f)* [Schweißen]
pontoon-type floating roof [tank]	Ponton-Schwimmdach *(n)* [Tank]
poor restart [weld imperfection]	Ansatzfehler *(m)* [Nahtfehler]
poor restart at the toe [weld imperfection]	Ansatzfehler *(m)* in der Decklage [Nahtfehler]
poor restart in the root [weld imperfection]	Ansatzfehler *(m)* in der Wurzellage [Nahtfehler]
pop action [valve]	schlagartiges Öffnen *(n)* [Ventil]

pressure, internal . . .

pop-in	kurzzeitige Instabilität (f); plötzlicher Kraftabfall (m) [bei kurzzeitiger instabiler Rißausbreitung]; Instabilität (f) mit Rißstoppen (n); plötzlich instabile Rißausbreitung (f) [Rißspitzenplastifizierung]
popping point on air [valve]	Ansprechpunkt (m) bei Luft [Ventil]
popping pressure; set-to-operate pressure [valve]	Ansprechdruck (m) [Ventil]
pore blocking	Zudrücken (n) von Poren; Abdichten (n) von Poren [Oxidbildung]
porosity [weld imperfection]	Porosität (f) [Nahtfehler]
port connection; street elbow; male elbow; male connector	Einschraubverbindung (f); Winkelverschraubung (f); Einschraubzapfen (m); Einschraubwinkel (m)
port diameter	Durchmesser (m) der Öffnung
port fitting; plug end fitting; male end fitting	Einschraubverschraubung (f)
positioning accuracy	Einstellgenauigkeit (f) [Lage]
positive locking device	kraftschlüssige (absolut sichere) Verriegelungseinrichtung (f)
post-dryout heat transfer	Wärmeübergang (m) bei der Tröpfchenströmung
post-emulsifiable penetrant	nachemulgierendes Eindringmittel (n)
post-weld heat treatment; PWHT	Wärmebehandlung (f) nach dem Schweißen
pour point	Trübungspunkt (m); Fließgrenze (f) [Wärmeträgermedien]
power-actuated pressure relief valve	kraftbetätigtes Druckentlastungsventil (n)
power-actuated valve	kraftbetätigtes Ventil (n)
power law hardening materials (pl)	nach einem Potenzgesetz (n) verfestigende Werkstoffe
power piping	Rohrleitungen (f, pl) in Kraftanlagen
PQR; procedure qualification record	Verfahrensprüfprotokoll (n) [Schweißverfahrensprüfung]
pre-bulged [V] [bursting disk]	vorgewölbt [Berstscheibe] [V]
precipitation hardening	Ausscheidungshärtung (f) [entsteht durch Ausscheiden spröder Phasen während des Schweißens oder beim nachfolgenden Erwärmen]
pre-cracked specimen Charpy impact test	Kerbschlagbiegeversuch (m) an angerissenen Proben nach Charpy
pre-cracked specimen Charpy slow bend test	Biegeversuch (m) an angerissenen Proben nach Charpy
preliminary calibration	Voreichung (f)
premagnetization [magn. t.]	Vormagnetisierung (f) [Magnetpulverprüfung]
pre-manufacturing inspection	vorlaufende Fertigungskontrolle (f)
premature failure [tensile test]	vorzeitige Anrisse (m, pl) [beim Zugversuch z. B. an den Kanten]
pre-service testing	Prüfung (f) vor Inbetriebnahme
pressure	Druck (m)
pressure, external . . .	Außendruck (m)
pressure, internal . . .	Innendruck (m)

pressure, resistance to . . .

pressure, resistance to . . .	Druckfestigkeit *(f)*
pressure application; application of pressure	Druckbeaufschlagung *(f)*
pressure-balanced expansion joint	eckentlasteter Axialkompensator *(m)*
pressure-balanced valve; pressure-compensated valve; balanced relief valve; compensated relief valve	druckentlastetes Druckbegrenzungsventil *(n)*; druckentlastetes Ventil *(n)*; ausgeglichenes Ventil *(n)*
pressure buildup; buildup of pressure	Druckaufbau *(m)*
pressure capability	Drucktragfähigkeit *(f)*
pressure chamber	Druckraum *(m)*
pressure change, rate of . . .	Druckänderungsgeschwindigkeit *(f)*
pressure change test	Druckdifferenzprüfung *(f)*
pressure-containing component; pressure-retaining member; pressure part	druckführendes Teil *(n)*; drucktragendes Teil *(n)*; Druckteil *(n)*
pressure-containing enclosure	umschlossener Druckraum *(m)*
pressure controller	Druckregler *(m)*
pressure cycles *(pl)*	Druckzyklen *(m, pl)*
pressure decrease; pressure reduction	Druckabbau *(m)*
pressure differential	Druckdifferenz *(f)*
pressure drop; drop in pressure	Druckabfall *(m)*
pressure-drop oscillations *(pl)*	Druckabfall-Instabilität *(f)*
pressure-drop restrictions *(pl)*	Druckabfall-Beschränkungen *(f, pl)*
pressure due to static head of liquids	statischer Druck *(m)* infolge der Flüssigkeitssäule
pressure-energized seal; automatic seal; self-adjusting seal; self-acting seal	selbstdichtende Dichtung *(f)*; selbstwirkende Dichtung *(f)*; druckgespannte Dichtung *(f)*
pressure failure	Druckausfall *(m)*
pressure field	Druckfeld *(n)*
pressure fluctuation; pressure pulsation; pressure ripple	Druckschwankung *(f)*; Druckpulsation *(f)*
pressure gas welding	Gaspreßschweißen *(n)*
pressure gauge	Manometer *(n)*
pressure gauge valve	Manometer-Absperrventil *(n)*
pressure increase; pressure rise	Druckanstieg *(m)*; Druckerhöhung *(f)*; Drucksteigerung *(f)*
pressure limiting station	Druckbegrenzungsstation *(f)*
pressure limit valve	Druckbegrenzer *(m)*
pressure load; pressure loading	Druckbeanspruchung *(f)*
pressure-loaded area	Druckfläche *(f)* [Behälter-/Stutzenberechnung]
pressure-loaded valve	druckbelastetes Ventil *(n)*
pressure loading; pressure load	Druckbeanspruchung *(f)*
pressure loss	Druckverlust *(m)*
pressure loss due to pipe roughness	Rohrrauheitsverlust *(m)*
pressure on the concave side	Druck *(m)* gegen die Innenwölbung
pressure on the convex side	Druck *(m)* gegen die Außenwölbung
pressure part; pressure retaining member; pressure-containing component	Druckteil *(n)*; druckführendes Teil *(n)*; drucktragendes Teil *(n)*
pressure probe; sampling probe; sniffer (probe)	Schnüffelsonde *(f)*; Schnüffler *(m)*; Leckschnüffler *(m)*

pressure proof test to destruction; proof test	Überlastungs-Druckprüfung (f) bis zur Zerstörung; Überlastversuch (m) [falls keine mathematische Berechnung möglich ist]
pressure range	Druckbereich (m)
pressure rating	Druckstufe (f) [theoretisch]
pressure recovery	Druckerholung (f)
pressure reducing valve; reducing valve	Druckminderventil (n); Druckreduzierventil (n)
pressure reduction; pressure decrease	Druckabbau (m)
pressure regulating station	Druckregelstation (f)
pressure regulator	Druckregler (m)
pressure relief; depressurization	Druckentlastung (f)
pressure relief (protective) device	Drucksicherung (f)
pressure relief station	Druckminderanlage (f)
pressure relief valve	Druckbegrenzer (m); Druckentlastungsventil (n); Sicherheitseinrichtung (f) gegen Drucküberschreitung
pressure-retaining boundary	druckführende Begrenzung (f) [systembezogen]
pressure-retaining member; pressure-containing component; pressure part	druckführendes Teil (n); Druckteil (n); drucktragendes Teil
pressure rise; pressure increase	Druckanstieg (m); Druckerhöhung (f); Drucksteigerung (f)
pressure stage	Druckstufe (f)
pressure surge	plötzlicher Druckanstieg (m); Druckstoß (m)
pressure tap	Druckmeßstutzen (m)
pressure tapping point	Druckmeßstelle (f)
pressure test [leakage test]	Drucktest (m); Druckprüfung (f) [Lecksuche]
pressure thrust	Schubkraft (f) vom Druck her
pressure-tight	druckdicht
pressure transient	Drucktransiente (f)
pressure vessel	Druckbehälter (m); Druckgefäß (n)
pressurize [v]; charge [v] with pressure; expose [v] to pressure	druckbeaufschlagen [V]; mit Druck beaufschlagen [V]
pressurizing agent [hydrostatic test]	Druckmittel (n) [Wasserdruckprüfung]
primary reference response [ultras.]	primäre Kontrollechohöhe (f) [US-Prüfung]
primary stress	Primärspannung (f); primäre Spannung (f)
primary weld	Hauptschweißnaht (f)
principal stress	Hauptspannung (f)
probability of detection	Nachweiswahrscheinlichkeit (f)
probability of fracture	Bruchwahrscheinlichkeit (f)
probe [UK]; search unit [US] [ultras.]	Prüfkopf (m) [US-Prüfung]
probe gas; search gas; test gas [leak test]	Testgas (n); Prüfgas (n) [Leckprüfung]
probe holder [ultras.]	Prüfkopfhalterung (f) [US-Prüfung]
probe holder receptacle [ultras.]	Prüfkopfhalteraufnahme (f) [US-Prüfung]
probe index [centre of probe sound emission; ultras.]	Schallaustritts-Marke (f) [Mittelpunkt d. Schallaustritts am Prüfkopf; US-Prüfung]
probe insert [ultras.]	Prüfkopf-Einsatz (m) [US-Prüfung]
probe shoe [ultras.]	Prüfkopfschuh (m) [US-Prüfung]

probe technique	
probe technique; probe testing [leak test]	Lecksuchtechnik (f) mit Absprühsonde; Absprühsonden-Lecksuchtechnik (f)
procedure qualification record; PQR	Verfahrensprüfprotokoll (n) [Schweißverfahrensprüfung]
prod [magn. t.]	Aufsetzelektrode (f) [Magnetpulverprüfung]
prod technique [magn. t.]	Punktkontakttechnik (f) [Magnetpulverprüfung]
product [tank]	Speichergut (n); Produkt (n) [Tank]
product analysis	Stückanalyse (f); Erzeugnisanalyse (f) [am gelieferten Erzeugnis]
production castings (pl)	Gußstücke (n, pl) aus der laufenden Produktion
production (control) test; mechanical testing of production weld [welding]	Arbeitsprüfung (f) [Schweißen]
production plate [US]; coupon plate [UK] [production control test; welding]	Arbeitsprobe (f); Arbeitsblech (n) [zwei Arbeitsproben (Bleche) werden zusammengeschweißt und bilden das Arbeitsprüfstück; Arbeitsprüfung]
production test plate	Arbeitsprüfstück (n) [aus zwei Arbeitsproben zusammengeschweißt für die Arbeitsprüfung]
production welding	Fertigungsschweißen (n)
product mixing equipment [tank]	Produktmischeinrichtungen (f, pl) [Tank]
product turbulence [tank]	Speichergutturbulenz (f) [Tank]
pro-eutectoid ferrite	voreutektoides Ferrit (n)
profile defect	Formfehler (n)
profiled sheet (metal)	Formblech (n)
profile gasket	Profildichtung (f)
progressive deformation	fortschreitende Verformung (f)
projected surface distance [radiog.]	Projektionsabstand (m) [Durchstrahlungsprüfung]
projection [nozzle]	Überstand (m) [des Stutzen ins Behälterinnere]
projection of a crack	Rißprojektion (f)
proof loading	Prüflast (f)
proof of quality	Nachweis (m) der Güteeigenschaften
proof stress [UK]; yield strength [US]	Dehngrenze (f), 0,2% . . . [0,1% für Austenite]
proof stress at elevated temperature; elevated temperature proof stress [UK]; yield strength at temperature [US]	Warmstreckgrenze (f) [0,2%-Dehngrenze bei höheren Temperaturen]
proof stress properties (pl) at elevated temperature	Warmfestigkeitseigenschaften (f, pl)
proof test; pressure proof test to destruction	Überlastversuch (m); Überlastungs-Druckprüfung (f) bis zur Zerstörung [falls keine mathematische Berechnung möglich ist]
propagation coefficient, crack . . .	Rißausbreitungs-Koeffizient (m)
propagation speed; propagation velocity	Fortpflanzungsgeschwindigkeit (f); Ausbreitungsgeschwindigkeit (f)
protective cap [valve]	Schutzkappe (f) [Ventil]

protective layer	Schutzschicht *(f)*
protective plug	Schutzstopfen *(m)*
protective seal; exclusion seal	Schutzdichtung *(f)*
prototype testing	Baumusterprüfung *(f)*
proved rejection [of a major component]	Ausschußwerden *(n)* [eines wichtigen Bauteils]
prying effect	Hebelwirkung *(f)*
prying force	Abstützkraft *(f)*
pull-out resistance [tube]	Ausziehwiderstand *(m)* [Rohr]
pull-through floating head	durchgezogener Schwimmkopf *(m)*
pulsating load; pulsating stress	schwellende Beanspruchung *(f)*
pulsating pressure	pulsierender Druck *(m)*
pulsating stress; pulsating load	schwellende Beanspruchung *(f)*
pulsating tension stress range	Spannungsschwingbreite *(f)* unter Zugbeanspruchung
pulsation dampener	Schwingungsdämpfer *(f)*
pulsed arc [welding]	pulsierender Lichtbogen *(m)* [Schweißen]
pulsed power welding	Impuls-Lichtbogenschweißen *(n)*
pulsed welding	Impulsschweißen *(n)*
pulse-echo method [ultras.]	Impuls-Echo-Verfahren *(n)* [US-Prüfung]
pulse-echo straight beam instrument [ultras.]	Impulse-Echo-Gerät *(n)* für Senkrechteinschallung [US-Prüfung]
pulse resonance method [ultras.]	Impuls-Resonanz-Verfahren *(n)* [US-Prüfung]
pulse transit-time method [ultras.]	Impuls-Laufzeit-Verfahren *(n)* [US-Prüfung]
pump-in rate [tank]	eingepumpte Menge *(f)* [Tank]
pure bending	reine Biegebeanspruchung *(f)*
pure shear	reine Abscherung *(f)*
purge connections *(pl)*; aeration connections *(pl)*	Spülanschlüsse *(m, pl)*; Belüftungsanschlüsse *(m, pl)*
purge gas; bleed gas; flush gas; purging gas	Spülgas *(n)*
purger; drain valve; purge valve	Entleerungsventil *(n)*; Ablaßventil *(n)*
purging	Ausblasen *(n)*
purging gas; anti-slag gas [welding]	Formiergas *(n)*; Spülgas *(n)* [Schweißen]
PWHT; post-weld heat treatment	Wärmebehandlung *(f)* nach dem Schweißen

Q

qualification report	Zulassungsbericht *(m)* [QS-Handbuch]
qualified BPS; qualified bonding procedure specification	zugelassene Klebeverfahrensspezifikation *(f)*
qualified welding procedure; approved welding procedure	zugelassenes Schweißverfahren *(n)*
quality assurance	Qualitätssicherung *(f)*; Qualitätsüberwachung *(f)*
quality assurance manual	Qualitäts-Sicherungs-Handbuch *(n)*
quality audit	Qualitätsüberprüfung *(f)* [Audit]
quality control	Qualitätskontrolle *(f)*
quality control surveillance	Bauüberwachung *(f)* durch unabhängigen Dritten [z. B. TÜV/Kunde; Oberbegriff]
quality engineering	Qualitätstechnik *(f)*
quality factor	Gütefaktor *(m)*
quality grading	Gütestufen-Einteilung *(f)*
quality plan	Bauüberwachungsplan *(m)*
quenching	Abschrecken *(n)*
quenching and tempering	Abschrecken *(n)* und Anlassen [mit Luft]; Vergüten *(n)* [wenn anderes Medium als Luft, z. B. Öl oder Wasser verwendet wird]
quench temperature; wetting temperature	Wandtemperatur *(f)* bei Benetzung [Definition siehe unter „wetting temperature"]
quick-acting closure	Schnellverschluß *(m)*
quick-acting valve; fast-acting valve; rapid-action valve; quick closure-type valve	Schnellschlußventil *(n)*
quick closure-type valve; quick-acting valve; fast-acting valve; rapid-action valve	Schnellschlußventil *(n)*
quick-exhaust valve; quick-ventilation valve; rapid-escape valve; quick-release valve	Schnellentlüftungsventil *(n)*
quick-release cover	Schnellverschlußdeckel *(m)*
quick-release valve; quick-exhaust valve; rapid-escape valve; quick-ventilation valve	Schnellentlüftungsventil *(n)*

R

rabbet joint	Falzstoß *(m)*; T-Stoß *(m)* mit Einfalzung
radial scan [ultras.]	Radialabtastung *(f)* [US-Prüfung]
radial stress	Radialspannung *(f)*
radiant energy	Strahlungsenergie *(f)*
radiant heat	Strahlungswärme *(f)*
radiant heating surface	Strahlungsheizfläche *(f)*
radiant heat transmission; radiative heat transfer; heat transfer by radiation	Wärmeübertragung *(f)* durch Strahlung
radiating crack [weld imperfection]	sternförmiger Riß *(m)* [kann auftreten im Schweißgut, in der WEZ, im Grundwerkstoff]
radiation beam length [radiative heat transfer]	Schichtdicke *(f)* [Wärmeübergang durch Strahlung]
radiation coefficient	Strahlungszahl *(f)*
radiation coefficient for black exchange	Strahlungszahl *(f)* des schwarzen Körpers
radiative heat transfer; radiant heat transmission; heat transfer by radiation	Wärmeübertragung *(f)* durch Strahlung
radioactive ionisation gauge	Kernstrahlungsionisations-Vakuummeter *(m)*
radioactive tracer leak detection	Lecksuche *(f)* mit radioaktivem Indikator
radiograph	Röntgenaufnahme *(f)*; Durchstrahlungsaufnahme *(f)*
radiographic density [radiog.]	Schwärzungsgrad *(m)* von Durchstrahlungsaufnahmen [Durchstrahlungsprüfung]
radiographic examination; radiography; radiological flaw detection; radiographic inspection	Durchstrahlungsprüfung *(f)*
radiographic quality level [radiog.]	Bildgütezahl *(f)* einer Durchstrahlungsaufnahme [Durchstrahlungsprüfung]
radiograph location sketch [radiog.]	Lageplan *(m)* [Durchstrahlungsaufnahmen]
radiography; radiographic examination; radiographic inspection; radiological flaw detection	Durchstrahlungsprüfung *(f)*
radiography test report	Durchstrahlungsprüfbericht *(m)*
radiological flaw detection; radiography; radiographic examination; radiographic inspection	Durchstrahlungsprüfung *(f)*
radio-opaque substance	Röntgenkontrastmittel *(n)*
radius of crown; radius of dishing	Wölbungsradius *(m)* [gewölbter Boden]
radius of curvature	Krümmungsradius *(m)*
radius of dishing; radius of crown	Wölbungsradius *(m)* [gewölbter Boden]
radius of gyration	Trägheitshalbmesser *(m)*
radius of the centroid	Flächenschwerpunktradius *(m)*
radius of the spherical part of a torispherical end/head	innerer Kugelschalenradius *(m)* eines Klöpperbodens
rafter [tank]	Sparre *(f)* [Tank]
rafter clip [tank]	Sparrenklemme *(f)* [Tank]
rafter slope [tank]	Sparrenneigung *(f)* [Tank]
rainwater drain [tank]	Regenwasserabfluß *(m)* [Tank]
raised face [flange]	Dichtfläche *(f)* mit Arbeitsleiste [Flansch]
raised-face flange	Flansch *(m)* mit vorspringender Arbeitsleiste

ramp rise in temperature

ramp rise in temperature	kontinuierlicher Temperaturanstieg *(m)*
random stress loading	Zufallsbelastung *(f)*
range of resultant moments	Schwingbreite *(f)* der resultierenden Momente
rapid-action valve; fast-acting valve; quick-acting valve; quick closure-type valve	Schnellschlußventil *(n)*
rapid-escape valve; quick-exhaust valve; quick-ventilation valve; quick release valve	Schnellentlüftungsventil *(n)*
ratcheting [a progressive inelastic deformation or strain in a component that is subjected to variations of mechanical stress, thermal stress, or both]	fortschreitende Deformation *(f)* [eine schrittweise fortschreitende inelastische Deformation oder Dehnung einer Komponente, die wechselnden mechanischen Spannungen, thermischen Spannungen oder einer Kombination von beiden unterworfen ist]
ratcheting, creep . . .	unterbrochenes Zeitstandkriechen *(n)*; Kriechratcheting *(n)*
ratcheting, thermal stress . . .	stufenweise fortschreitende Deformation *(f)* aufgrund von Wärmespannungen; wärmespannungsbedingte fortschreitende Deformation *(f)*; schrittweises Versagen *(n)* bei lokalen thermischen Wechselbeanspruchungen [nicht im Zeitstandbereich]
rated (discharge) capacity; rated relieving capacity [valve]	Nennabblaseleistung *(f)* [Ventil]
rated frequency	Nennfrequenz *(f)*
rated pressure; nominal pressure	Nenndruck *(m)* [mit PN gekennzeichnet]
rated relieving capacity; rated discharge capacity [valve]	Nennabblaseleistung *(f)* [Ventil]
rate of cooling	Abkühlgeschwindigkeit *(f)*
rate of crack growth	Rißwachstumsgeschwindigkeit *(f)*
rate of crack propagation	Rißfortpflanzungsgeschwindigkeit *(f)*
rate of heating	Aufheizgeschwindigkeit *(f)* [Wärmebehandlung]
rate of pressure change	Druckänderungsgeschwindigkeit *(f)*
rate of search unit movement [ultras.]	Abtastgeschwindigkeit *(f)* [US-Prüfung]
rate of temperature change	Temperaturänderungsgeschwindigkeit *(f)*
ratholing	Hohlraumbildung *(f)* [Strömung in Rohrleitungen]
ratings *(pl)*, pressure and temperature . . .	Druck-Temperaturstufen *(f, pl)*
ready-to-operate installation; ready-to-operate erection	betriebsbereite Montage *(f)*; betriebsbereite Aufstellung *(f)*
receiver probe [ultras.]	Empfängerprüfkopf *(m)* [US-Prüfung]
recess	Rücksprung *(m)*
recovery [of specimen after stressing]	Erholung *(f)* [einer Probe nach Beanspruchung]
recovery time	Erholungszeit *(f)*
recrystallization	Umkristallisation *(f)*
rectangular expansion joint	rechteckiger Kompensator *(m)*; rechteckiger Dehnungsausgleicher *(m)*; Kamera-Dehnungsausgleicher *(m)*
recuperative (air) heater	Rekuperativ(luft)vorwärmer *(m)*

reinforcing pad

reduced back reflection [ultras.]	geschwächtes Rückwandecho *(n)* [US-Prüfung]
reduced flaw distance	reduzierter Fehlerabstand *(m)*
reduced flaw size	reduzierte Fehlergröße *(f)*
reduced pressure	reduzierter Druck *(m)*
reduced shank	reduzierter Schaft *(m)* [Schraube]
reduced temperature	reduzierte Temperatur *(f)*
reducer; reducing adaptor	Reduzierstück *(n)*
reducer union	gerade Reduzierverschraubung *(f)*
reducing cross	Reduzier-Kreuzstück *(n)*
reducing nipple	Reduziernippel *(m)*
reducing valve; pressure reducing valve	Druckminderventil *(n)*; Druckreduzierventil *(n)*
reduction factor	Abminderungsbeiwert *(m)*
reduction of area	Brucheinschnürung *(f)* [beim Zugversuch]
re-examination; repeat test; retest	Wiederholungsprüfung *(f)*
reference block; test block [ultras.]	Kontrollkörper *(m)*; Prüfkörper *(m)*; Testkörper *(m)*; Prüfblock *(m)* [US-Prüfung]
reference discontinuity	Vergleichswerkstoffehler *(m)*
reference echo [ultras.]	Bezugsecho *(n)*; Kontrollecho *(n)* [US-Prüfung]
reference heat treatment	Bezugswärmebehandlung *(f)*
reference leak; calibrated leak; sensitivity calibrator; standard leak; test leak	Eichleck *(n)*; Testleck *(n)*; Vergleichsleck *(n)*; Leck *(n)* bekannter Größe; Bezugsleck *(n)*
reference list of pipework	Schlüsselliste *(f)* [Rohrbau]
reference pressure	Bezugsdruck *(m)*
reference radiograph	Vergleichs-Durchstrahlungsaufnahme *(f)*
reference reflector [ultras.]	Justierreflektor *(m)* [US-Prüfung]
reference response, primary ... [ultras.]	primäre Kontrollechohöhe *(f)* [US-Prüfung]
reference standard	Eichnormal *(n)*; Prüfnormal *(n)*; Vergleichskörper *(m)*
reference temperature	Bezugstemperatur *(f)*
reflection technique [ultras.]	Reflexionsverfahren *(n)* [US-Prüfung]
reflector [ultras.]	Fehler *(m)* [US-Prüfung]
refrigerated service	Kühlbetrieb *(m)*
refrigerated tank	Tank *(m)* im Kühlbetrieb
reheat crack	Relaxationsriß *(m)*
reheat cracking	Relaxationsrißbildung *(f)*; Rißbildung *(f)* in der WEZ während der entspannenden Wärmebehandlung [Spannungsfreiglühen]
reinforced seal	armierte Dichtung *(f)*; bewehrte Dichtung *(f)*
reinforced slab [tank]	bewehrte Platte *(f)* [Tank]
reinforcement edge; edge reinforcement	Randverstärkung *(f)*
reinforcement splices *(pl)* [tank]	Bewehrungsstöcke *(m, pl)* [Tank]
reinforcing cloth [tank]	Bewehrungsstoff *(m)* [Tank]
reinforcing mesh [tank]	Bewehrungsgewebe *(n)* [Tank]
reinforcing pad; pad (reinforcement)	Verstärkungsscheibe *(f)*; ringförmige Verstärkung *(f)*; scheibenförmige Verstärkung *(f)*; Verstärkungsring *(m)*; Scheibe *(f)* [Behälterversteifung]

reinforcing ring

reinforcing ring; root ring [expansion joint]	Verstärkungsring *(m)* [für Kompensatoren; aus Rohr- oder Stabmaterial hergestellt]
reinforcing sleeve	Verstärkungshülse *(f)*
rejection level; gate [NDE]	Zurückweisungslevel *(m)* [ZfP]
relaxation	Relaxation *(f)*; Entspannung *(f)*
relaxation factor	Entspannungsfaktor *(m)*
relaxation modulus	Entspannungsmodul *(m)*
relaxed tensile stress	nachlassende Zugspannung *(f)*
relief, fillet radius ...	Hinterdrehung *(f)* des Kehlhalbmessers; Kehlhalbmesserhinterdrehung *(f)*
relief capacity; discharge capacity [valve]	Abblaseleistung *(f)* [Ventil]
relief groove; groove to reduce stress concentration	Entlastungsnut *(f)* [Boden]
relief pressure valve	Überdruckventil *(n)*
relief valve; bleed-off valve	Entlastungsventil *(n)*; Überströmventil *(n)*; Ablaßventil *(n)*
remainder of the loading	Restbeanspruchung *(f)*
remaining wall thickness	Restwandstärke *(f)*
remanent creep life prediction	Restlebensdauervorhersage *(f)*
remote from discontinuities, location ...	ungestörter Bereich *(m)*
remote water level indicator	Wasserstandsfernanzeiger *(m)*
removable channel [heat exchanger]	abnehmbare Vorkammer *(f)* [Wärmeaustauscher]
removable tube bundle [heat exchanger]	ausziehbares Rohrbündel *(n)* [Wärmeaustauscher]
remove the flash [v]	entgraten [V] [Abbrennstumpfschweißen]
repair welding	Ausbesserungsschweißen *(n)*
repeated bending stresses	wechselnde Biegebeanspruchung *(f)*
repeated passage; double passage	zweimaliger Durchlauf *(m)*
repeated stress	schwellende Spannung *(f)*; Schwellspannung *(f)*
repeat test; retest; re-examination	Wiederholungsprüfung *(f)*
replacement pipe section	Austausch-Rohrabschnitt *(m)*
replica technique	Lackabdruckverfahren *(n)*; Gefügeabdruckprüfung *(f)* mittels Folie; Replicatechnik *(f)*
reseating pressure [valve]	Schließdruck *(m)* [Ventil]
reservoir	Behälter *(m)*; Sammelbehälter *(m)*; Speichergefäß *(n)* [offener Behälter]
reservoir capacity	Fassungsvermögen *(n)* des Behälters; Behälterinhalt *(m)*
resetting [valve]	Rückstellung *(f)* [in die Ausgangsstellung; Ventil]
residual ovality of the cross section	bleibende Querschnittsovalisierung *(f)*
residual stresses *(pl)*	Eigenspannungen *(f, pl)*
residual technique [magn. t.]	Restfeldtechnik *(f)* [Magnetpulverprüfung]
residual yield stress	restliche Streckgrenze *(f)*
resilient seal valve; soft seat valve; soft-seated valve	Weichsitzventil *(n)*
resilient support	federnde Unterstützung *(f)*
resistance brazing	Widerstands(hart)löten *(n)*
resistance coefficient	Widerstandsbeiwert *(m)*
resistance fusion welding	Widerstandsschmelzschweißen *(n)*

resistance seam welding; RSEW	Widerstandsrollennahtschweißen *(n)*
resistance spot welding; RSW	Widerstandspunktschweißen *(n)*
resistance stud welding	Widerstandsbolzenschweißen *(n)*
resistance to brittle failure	Sprödbruchfestigkeit *(f)*
resistance to caustic embrittlement	Laugenrißbeständigkeit *(f)*
resistance to crack extension	Rißausbreitungswiderstand *(m)*
resistance to flow	Strömungswiderstand *(m)*
resistance to hot cracking	Warmrißbeständigkeit *(f)*
resistance to intercrystalline corrosion; resistance to intergranular corrosion	IK-Beständigkeit *(f)*; Beständigkeit *(f)* gegen interkristalline Korrosion
resistance to wear	Verschleißfestigkeit *(f)*
resistance welding electrode	Widerstandsschweißelektrode *(f)*
resonant buffeting	Resonant Buffeting *(n)*; resonanzartige Schwingungsamplituden *(f, pl)* [periodische Wirbelablösungen, die den stochastischen Turbulenzen in der Anströmung eines Schwingers überlagert sind und mit dessen Eigenfrequenzen übereinstimmen. Spezialfall des „buffeting"; fluidisch induzierte Schwingungen von Kreiszylindern]
response delay	Ansprechverzögerung *(f)*
response pressure [valve]	Ansprechdruck *(m)* [Ventil]
response threshold [operating level]	Ansprechschwelle *(f)*
responsive to pressure, to be ...	ansprechen [V], auf Druck ...
resting place [valve]	Ruhestellung *(f)* [Ventil]
restraint	Ausdehnungsbehinderung *(f)*
restraint [expansion joint]	Arretierung *(f)* [bei Kompensatoren durch zusätzliche Druckbeanspruchung bei der Prüfung]
restraint [welding]	Einspannung *(f)* [Schweißen]
restraint, local ... [weld]	lokale Schrumpfung *(f)* [Schweißnaht]
restraints *(pl)* [pipeline]	Halterungen *(f, pl)* [Rohrleitung]
restraint to thermal expansion	Behinderung *(f)* der Wärmedehnung
restriction	Verengung *(f)* [Querschnitt]
restrictive length; choke length; throttling length [valve]	Drossellänge *(f)* [Ventil]
resultant flexural bending stress	resultierende Biegespannung *(f)*
resultant moment	resultierendes Moment *(n)*
resulting moment loading	resultierende Momentenbeanspruchung *(f)*
retained gasketed flange	Flansch *(m)* mit Eindrehung zur Aufnahme der Dichtung
retainer [welding]	Schweißbadsicherung *(f)*
retaining gasket ring	Dichtungstragring *(m)*
retaining plate	Halteblech *(n)*
retaining strip	Haltestreifen *(m)*
retaining wall [tank]	Stauwand *(f)* [Tank]
retentivity, material with high ...	hochremanenter Werkstoff *(m)*
retest; repeat test; re-examination	Wiederholungsprüfung *(f)*
retrofitting; backfitting	Nachrüsten *(n)*
return bend	Umkehrbogen *(m)* [180°]
return bonnet [heat exchanger]	Umlenkhaube *(f)* [Wärmeaustauscher]
return flow	Rückstrom *(m)*

reverse buckling

reverse buckling [bursting disk]	Wölbung *(f)* nach hinten [Berstscheibe]
reverse curve reducer	Reduzierstück *(n)* mit Doppelkrümmung
reversed curve section	Schuß *(m)* mit Doppelkrümmung
reverse flange	innenliegender Flansch *(m)*
reverse polarity [UK]	negative Polung *(f)* [Schweißen]
reverse polarity [US]	positive Polung *(f)* [Schweißen]
reverse pressure	umgekehrter Druck *(m)*
reversing heat exchanger	umschaltbarer Wärmeaustauscher *(m)* [Gegenstrom-Wärmeaustauscher, bei dem die Strömungsquerschnitte für Luft und Stickstoff vertauscht werden können; diese Bauart findet Anwendung in Luftzerlegungsanlagen zur Gewinnung von reinem gasförmigem Sauerstoff]
revex air separation plant	Luftzerlegungsanlage *(f)* mit umschaltbarem Wärmeaustauscher [siehe „reversing heat exchanger"]
RHR; roughness height rating	Rauhtiefe *(f)*
ribbed plate	Riffelblech *(n)*
ribbed-plate air heater	Rippenplattenvorwärmer *(m)*
ribbed tube; rifled tube	Rillenrohr *(n)*; Drallrohr *(n)*; innenberipptes Rohr *(n)*
ribbon-packed heat exchanger	Wärmeaustauscher *(m)* mit schraubenförmiger Metallpackung [in den USA entwickelter Gegenstrom-Wärmeaustauscher, bei dem der Innen- und Außenraum eines verhältnismäßig weiten Rohres von einer Metallpackung gefüllt ist. Diese Packung besteht aus wendelförmig gewundenen Metallbändern, die innen und außen so an die Rohrwand angelötet sind, daß sie wie häufig unterbrochene Längsrippen wirken; „Gegenströmer"-Bauart, siehe „reversing heat exchanger"]
rifled tube; ribbed tube	Rillenrohr *(n)*; Drallrohr *(n)*; innenberipptes Rohr *(n)*; Eckventil *(n)*
rightward welding; backhand welding	Nachrechtsschweißen *(n)*
rigid attachment	starres Anbauteil *(n)*
rigid body motion	Starrkörperverschiebung *(f)*
rigid body rotation	Rotation *(f)* starrer Körper
rigid hanger	starrer Hänger *(m)*; starre Aufhängung *(f)*
rigid insert	starres Einsatzstück *(n)*
rigidity modulus; modulus of rigidity; shear modulus	Schermodul *(m)*; Gleitmodul *(m)*; Schubmodul *(m)*
rigid restraint	starre Einspannung *(f)*
rigid support	Festpunktunterstützung *(f)*
rimming steel	unberuhigter Stahl *(m)*
rim reinforcement	kranzförmige Verstärkung *(f)*
rim stiffener [tank]	Randsteife *(f)* [Tank]
ring compression	Ringpressung *(f)*
ring expanding test	Ringaufdornversuch *(m)*
ring girder	Ringträger *(m)* [Behälterunterstützung]

ring groove	Ringnut *(f)*
ring-joint facing	Dichtfläche *(f)* mit Ringnut
ring-joint flange	Flansch *(m)* mit Ringnut
ring-joint gasket	Metallringdichtung *(f)*
ring packing; ring seal	Ringdichtung *(f)*
ring section	Ringprofil *(n)*
ring stiffener; stiffening ring	Versteifungsring *(m)*
ring support	Tragring *(m)*
ring supported vessel	ringgestützter Behälter *(m)*
ringwall [tank]	Ringfundament *(n)* [Tank]
ringwall opening [tank]	Aussparung *(f)* im Ringbalken [Tank]
riser [tube]	Steigrohr *(n)*
riser clamp	Steigrohrschelle *(f)*
risers *(pl)* [casting]	Steiger *(m, pl)* [im Guß]
rising shelf [impact test]	Anstieg *(m)* der Hochlage [Kerbschlagbiegeversuch]
rising spindle; rising stem [valve]	steigende Spindel *(f)* [Ventil]
river pattern [fracture mechanics]	Flußmuster *(n)* [Bruchmechanik]
RMS; root mean square	quadratischer Mittelwert *(m)*; Mittenrauhwert *(m)*; Effektivwert *(m)* [Oberflächenzustand]
ROL; run-out length [theory of elasticity of shells]	Abklinglänge *(f)* [Def. siehe „run-out length"]
ROL; run-out length [welding]	Auslauflänge *(f)* [Schweißen]
roll-bonded plate	walzplattiertes Blech *(n)*
roll cladding	Walzplattierung *(f)*
rolled-in scale	Zundereinwalzungen *(f, pl)*
rolled-in slugs *(pl)*	Einwalzungen *(f, pl)*
rolled pipe end	eingewalztes Rohrende *(n)*
rolled structural section	Walzprofil *(n)*
roller-expanded tube	eingewalztes Rohr *(n)*
roll marks *(pl)*	Abdrücke *(m, pl)* [Walzfehler]; Walzmarkierungen *(f, pl)*
roof drain [tank]	Dachentwässerung *(f)* [Tank]
roof live load [tank]	Dachbetriebslast *(f)* [Tank]
roof penetration	Dachdurchführung *(f)*; Deckendurchführung *(f)*
roof seal floating [tank]	Schwimmdachabdichtung *(f)* [Tank]
roof support; roof-leg support [tank]	Dachstütze *(f)* [Tank]
roof travel [tank]	Hub *(m)* des Daches [Tank]
root [expansion joint]	Grund *(m)* [von Wellrohrkompensatoren]
root area of the thread	Fläche *(f)* am Gewindekern
root bend test	Biegeversuch *(m)* mit der Wurzel im Zug
root concavity; suck-back; shrinkage groove; underwashing [weld imperfection]	Wurzelrückfall *(m)* [Nahtfehler]
root contraction; lack of root fusion [weld imperfection]	Wurzelbindefehler *(m)* [Wurzelkerbe; Nahtfehler]
root diameter [fin tube]	Kerndurchmesser *(m)* [eines Rippenrohres]
root face [welding]	Stegflanke *(f)* [Schweißen]
root formation [welding]	Wurzelausbildung *(f)* [Schweißen]
root gap; root opening [welding]	Stegabstand *(m)*; Wurzelspalt *(m)* [Schweißen]

root mean square	
root mean square; RMS	quadratischer Mittelwert *(m)*; Effektivwert *(m)*; Mittenrauhwert *(m)* [Oberflächenzustand]
root of fin	Rippenfuß *(m)*
root of thread	Gewindekern *(m)*
root opening; root gap [welding]	Stegabstand *(m)*; Wurzelspalt *(m)* [Schweißen]
root overlap [weld imperfection]	Schweißgutüberlauf *(m)* an der Wurzelseite [Nahtfehler]
root pass; root run [welding]	Wurzellage *(f)* [Schweißen]
root ring; reinforcing ring [expansion joint]	Verstärkungsring *(m)* [für Kompensatoren, aus Rohr- oder Stabmaterial hergestellt]
root run; root pass [welding]	Wurzellage *(f)* [Schweißen]
root undercut [weld imperfection]	Wurzeleinbrandkerbe *(f)* [Nahtfehler]
rope seal	Dichtschnur *(f)*
rotary compression test	Cottingham-Prüfverfahren *(n)*; Prüfverfahren *(n)* mit hoher hydrostatischer Zugspannung [nach Cottingham; zur Simulation der Beanspruchungsbedingungen beim Schrägwalzen]
rotary disk valve	Drehschieber *(m)*
rotary head welding equipment	Schweißvorrichtung *(f)* mit rotierendem Schweißkopf
rotary inertia	Rotationsträgheit *(f)*
rotary-type heat exchanger	Rotationswärmeaustauscher *(m)*
rotatable flange; rotating flange	Drehflansch *(m)*
rotated square tube arrangement	gedrehte quadratische Teilung *(f)* [Rohranordnung, in Strömungsrichtung versetzt]
rotated tube arrangement	gedrehte Dreiecksteilung *(f)* [Rohranordnung, in Strömungsrichtung fluchtend]
rotationally symmetric cylinder-to-sphere connection	rotationssymmetrische Zylinder-Kugelverbindung *(f)*
rotational tolerance	Verdrehungstoleranz *(f)*
roughing [leak test]	Grobevakuieren *(n)* [Dichtheitsprüfung]
roughing pump [leak test]	Vorvakuumpumpe *(f)* [Dichtheitsprüfung]
roughness height rating; RHR	Rauhtiefe *(f)*
round base	runde Fußplatte *(f)* [Fitting]
round billet	Rundknüppel *(m)*
rounded indication	rundliche Anzeige *(f)*
routing, pipe ...	Trassenführung *(f)*; Rohrführung *(f)* [Verlauf]
RSEW; resistance seam welding	Widerstandsrollennahtschweißen *(n)*
RSW; resistance spot welding	Widerstandspunktschweißen *(n)*
ruling section	maßgeblicher Querschnitt *(m)* [Schmiedestück]
run [tee]	Durchgang *(m)* [T-Stück]
run; pass [welding]	Schweißlage *(f)*
running board [tank]	Laufsteg *(m)* [Tank]
running fire [tank]	brennende Flüssigkeit *(f)* [bei Tankbränden; siehe: boilover]
run-off plate [welding]	Auslaufblech *(n)* [Schweißen]
run of pipe; pipe run; piping run	Rohrstrang *(m)*; Hauptrohr *(n)*

run-on plate [welding]	Einlaufblech *(n)* [Schweißen]
runout; thread runout	Gewindeauslauf *(m)*
run-out length; ROL [theory of elasticity of shells]	Abklinglänge *(f)* [Beschreibt die Größe einer Störung, die mit zunehmender Entfernung von der Störstelle abnimmt; führt zur Verringerung der Spannungs-, Dehnungs-, und Verformungs-Amplituden; Begriff der Elastizitätstheorie von Schalen]
run-out length; ROL [welding]	Auslauflänge *(f)* [Schweißen]
run sequence [welding]	Lagenfolge *(f)* [Schweißnaht]
run wall [pipe]	Grundrohrwand *(f)*
rupture cross-section	Bruchquerschnitt *(m)*
rupture disk; blow-out disk; bursting disk	Berstscheibe *(f)*; Berstmembran *(f)*; Platzscheibe *(f)*; Reißscheibe *(f)*
rupture life	Lebensdauer *(f)* bis zum Bruch
rupture zone length	Bruchlängenzone *(f)*

S

saddle support	Sattelauflager *(m)* [Behälterunterstützung]
saddle top plate	Satteldeckplatte *(f)*
saddle type service connection	sattelartige Hausanschlußverbindung *(f)* [durch Sattelformstücke; Gasleitung]
safe shutdown earthquake; SSE	Sicherheitserdbeben *(n)*
safety factor; factor of safety	Sicherheitsbeiwert *(m)*
safety rope	Abfangtau *(n)* [Befahreinrichtung]
safety seal (system), Wiggings ... [tank]	Wiggins-Schwimmdachabdichtungssystem „Safety Seal" *(f)*; Safety-Seal-Schwimmdachabdichtung *(f)* nach Wiggins [Abschluß zwischen Tankmantel und Schwimmdach durch Gleitbleche, die durch eine Gummischürze mit dem Ponton verbunden sind. Das Hebelsystem und die Druckfeder drücken das Gleitblech an die Behälterwand; die Federn bewirken gleichzeitig die radiale Führung des Schwimmdachs]
safety valve	Sicherheitsventil *(n)*
sag; sagging [pipe]	Durchhang *(m)*; Durchhängen *(n)* [Rohrleitung]
sagged weld [weld imperfection]	
sagging; sag [pipe]	
sampling probe; pressure probe; sniffer (probe) [leak test]	Schnüffelsonde *(f)*; Schnüffler *(m)*; Leckschnüffler *(m)* [Leckprüfung]
sand patches *(pl)*	Sandstellen *(f, pl)* [Walzfehler]
sandwich materials *(pl)*	Verbundwerkstoffe *(m, pl)*
sandwich panel [tank]	Sandwichplatte *(f)* [Tank]
saturated boiling	Sättigungssieden *(n)*
saturation pressure	Sättigungsdruck *(m)*
saturation temperature	Sättigungstemperatur *(f)*
SAW; submerged arc welding	Unterpulverschweißen *(n)*; UP-Schweißen *(n)*
sawtooth run [pipe]	sägezahnförmige Rohrstrecke *(f)*
scab	Schale *(f)* [Werkstoffehler]
scaling; high-temperature oxidation	Verzunderung *(f)* [Wärmeaustauscher]
scanning [ultras.]	Abtasten *(n)* [US-Prüfung]
scanning, grid ... [ultras.]	Abtasten *(n)* in Rasterform [US-Prüfung]
scanning, parallel path ... [ultras.]	Abtasten *(n)* entlang paralleler Bahnen [US-Prüfung]
scanning helix; helical scanning path [ultras.]	Abtastspirale *(f)* [US-Prüfung]
scanning sensitivity [ultras.]	Abtastungsempfindlichkeit *(f)* [US-Prüfung]
scanning technique [ultras.]	Abtast-Prüftechnik *(f)* [US-Prüfung]
SCC; stress corrosion cracking	SRK; Spannungsrißkorrosion *(f)*
SCF; stress concentration factor	Formzahl *(f)*
scraped surface heat exchanger	Kratzkühler *(m)* [Wärmeaustauscher]
scratches *(pl)*	Schrammen *(f, pl)* [Walzfehler]
screening [fracture mechanics]	Abschirmen *(n)* [äußere Abschirmung von Spannungen an der Rißspitze durch die plastische Zone; Bruchmechanik]

screwed cap	Kappe *(f)* mit Innengewinde
screwed coupling [reducing coupling; half coupling]	Muffe *(f)* mit Innengewinde [Reduziermuffe; Halbmuffe]
screwed cross [straight and reducing]	Kreuz *(n)* mit Innengewinde [gleichgroß und reduziert]
screwed elbow [45° or 90°]	Winkel *(m)* mit Innengewinde [45° oder 90°]
screwed-end valve	Ventil *(n)* mit Innengewinde
screwed flange	Gewindeflansch *(m)*
screwed lateral	Abzweigung *(f)* mit Innengewinde
screwed nozzle	Schraubstutzen *(m)*
screwed pipe joint; screwed sleeve	Schraubmuffenverbindung *(f)*
screwed portion	Gewindeteil *(m)*
screwed roof nozzle [tank]	Gewindedachstutzen *(m)* [Tank]
screwed tee [straight and reducing]	T-Stück *(n)* mit Innengewinde [gleich groß und reduziert]
screwed union	Rohrverschraubung *(f)* mit Innengewinde
screw plug	Gewindestopfen *(m)*
screw stay	Gewindeanker *(m)*
SDR; standard dimensional ratio	genormtes Maßverhältnis *(n)*
seal cartridge	Einbaudichtsatz *(m)*; Einbaudichtung *(f)*
seal centering cable [tank]	Dichtungszentrierkabel *(n)* [Tank]
sealed casing	abgedichtetes Mantelrohr *(n)*
sealing compound	Dichtungsmasse *(f)*
sealing edge of the plate	Blechdichtkante *(f)*
seal(ing) face [valve]	Dichtleiste *(f)* [Ventil]
sealing force	Dichtkraft *(f)*
sealing liquid	Sperrflüssigkeit *(f)*
sealing pressure	Dichtungsdruck *(m)*
sealing ring; gasket ring; packing ring	Dichtungsring *(m)*
seal membrane	Dichtmembran *(f)*
seal washer	Dichtungsscheibe *(f)*
seal-welded threaded joint	dichtgeschweißte Gewindeverbindung *(f)*
seal weld-lip [flange]	Schweißlippe *(f)* [Flanschabdichtung]
seal whistle [valve]	Dichtungstöne *(m, pl)* [bei sehr kleinen Ventilhüben intermittierend auftretende Pfeiftöne]
seam; weld	Naht *(f)*; Schweißnaht *(f)*
seams *(pl)*	Schalenstreifen *(m, pl)*; Fältelungsrisse *(m, pl)* [Walzfehler]
seam weld	Rollenschweißnaht *(f)*
search gas; test gas; probe gas [leak test]	Testgas *(n)*; Prüfgas *(n)* [Leckprüfung]
search unit [US]; probe [UK] [ultras.]	Prüfkopf *(m)* [US-Prüfung]
seat bore [valve]	Sitzbohrung *(f)* [Innendurchmesser am Ventilsitz]
seating, gasket ...	Vorverformung *(f)* der Dichtung; Dichtungsvorverformung *(f)*
seating area [valve]	Sitzfläche *(f)* [Ventil]
seating stress	Anpreßkraft *(f)*; Flächenpressung *(f)* [bei Verschraubungen, Dichtungen]
seat(ing) valve; seated valve; face valve	Sitzventil *(n)*

seat ring

seat ring [valve]	Sitzring *(m)* [Ventil]
secondary crack	Sekundärriß *(m)*; Mikroriß *(m)*
secondary stress	Sekundärspannung *(f)*; sekundäre Spannung *(f)*
second moment of area	Flächenträgheitsmoment *(n)*
second side treatment [weld]	Nahtunterseitenbehandlung *(f)*
second surface bend test	Biegeversuch *(m)* mit der 2. Oberfläche im Zug
section [gen.]	Profil *(n)*; Querschnitt *(m)*; Segment *(n)* [allg.]
section [pressure vessel]	Schuß *(m)* [Fertigteil; Behälter]
sectional flanging	Bördeln *(n)* in mehreren Arbeitsgängen
sectional grips *(pl)*	geteilte Spannbacken *(f, pl)*
sectionalizing block valve; sectioning valve	Strangabsperrventil *(n)*; Strangventil *(n)*
section modulus	Widerstandsmoment *(n)*
segmental baffle [tubular heat exchanger]	Segmentleitblech *(n)* [Rohrbündel-Wärmeaustauscher]
segmental bend; gusseted elbow	Segmentkrümmer *(m)*
seismic factor	Erdbebenfaktor *(m)*
seismic intensity	Erdbebenstärke *(f)*
seismic load	Erdbebenkraft *(f)*
seizing	Fressen *(n)*; Festfressen *(n)* [Gewinde]
self-acting seal; self-adjusting seal; automatic seal; pressure-energized seal	selbstwirkende Dichtung *(f)*; selbstdichtende Dichtung *(f)*; druckgespannte Dichtung *(f)*
self-balancing stress	selbstausgleichende Spannung *(f)*
self-bleeding; self-purging	selbstentlüftend
self-constraint	Eigenbehinderung *(f)*
self-equilibrating	selbstausgleichend
self-exited vibrations *(pl)*	selbsterregte Schwingungen *(f, pl)*
self-flaring fitting	selbstbördelnde Rohrverbindung *(f)*
self-locking latching device	selbstsperrende Verriegelung *(f)*
self-purging; self-bleeding	selbstentlüftend
self-springing [pipe]	Selbstfederung *(f)* [Rohrleitung]
self-supported span [tank]	freitragende Stützweite *(f)* [Tank]
self-supporting	freitragend [Stahlkonstruktion]
self-supporting cone roof [tank]	freitragendes Kegeldach *(n)* [Tank]
self-supporting dome roof [tank]	freitragendes Kugelsegmentdach *(n)* [Tank]
self-supporting roof [tank]	freitragendes Dach *(n)* [Tank]
self-supporting umbrella roof [tank]	freitragendes Regenschirmdach *(n)* [Tank]
SEM; scanning electron microscopy	Raster-Elektronenmikroskopie *(f)*
semi-automatic welding machine	Schweißhalbautomat *(m)*
semi-ellipsoidal head [US]; semi-ellipsoidal end [UK] [also see: torispherical end/head]	Korbbogenboden *(m)*
semi-finished goods *(pl)*; semi-finished products *(pl)*	Halbzeug *(n)*
semi-killed steel	halbberuhigter Stahl *(m)*
semi-outdoor type of construction	Halbfreiluftbauweise *(f)*
semi-permeable membrane	halbdurchlässige Membran *(f)*
SENB specimen; single-edge notched bend specimen	Dreipunkt-Biegeprobe *(f)*

sensitivity calibrator; calibrated leak; reference leak; standard leak; test leak	Eichleck (n); Testleck (n); Vergleichsleck (n); Leck (n) bekannter Größe; Bezugsleck (n)
sensitized	sensibilisiert [durch Spannungsarmglühen]
SENT specimen; single-edge notched tensile specimen	einseitig gekerbte Zugprobe (f)
separation pig; batching pig	Trennmolch (m); Chargen-Trennmolch (m)
serrated-concentric finish	konzentrisch geriffelte Oberfläche (f)
serrated finned tube	verzahntes und verripptes Rohr (n)
serration	Verzahnung (f)
service; operation	Betrieb (m)
serviceability	Betriebstauglichkeit (f)
serviceable design	funktionsfähige Konstruktion (f)
service factor	Betriebsbeiwert (m)
service history	Betriebsablauf (m)
service life	betriebliche Lebensdauer (f); Standzeit (f)
service loading	Betriebsbelastung (f)
servovalve; lever-feedback valve	Servoventil (n) mit Hebelrückführung
set-in branch	eingeschweißter Abzweig (m)
set-in nozzle	Einschweißstutzen (m)
set of test specimens	Probensatz (m)
set-on branch	aufgeschweißter Abzweig (m)
set-on nozzle	Sattelstutzen (m); Aufschweißstutzen (m)
set pressure [valve]	Einstelldruck (m) [Ventil]
set-through branch	durchgesteckter (und eingeschweißter) Abzweig (m)
setting [valve]	Einstellung (f) [Ventil]
setting of roof-leg supports [tank]	Stellung (f) der Dachstützen; Dachstützenstellung (f) [Tank]
settlement	Senkung (f) [Boden]
settling	Absetzen (n)
settling chamber	Absetzkammer (f)
set-to-operate pressure; popping pressure [valve]	Ansprechdruck (m) [Ventil]
set-to-operate pressure, nominal... [valve]	Nennansprechdruck (m) [Ventil]
severity level	Fehlergrenzstufe (f) [Schwereklasse]
shakedown	elastisches Einspielen (n) [einer Konstruktion]
shakedown analysis	Einspielverfahren (n) [Analyse]
shakedown [v] to elastic action	sich im elastischen Bereich einspielen [V]
shaking-out period; burn-in period; debugging period	Anfangsperiode (f); Anlaufperiode (f); Frühfehlerperiode (f) [Lebensdauerbestimmung von Anlagenteilen]
shallow crack	flacher Riß (m)
shape constant [gasket]	Formzahl (f) [Dichtung]
shape factor	Berechnungsbeiwert (m) [bei gewölbten Böden: K-Faktor (UK); C-Faktor (nach ISO); β-Wert (nach TRD)]
shear deformation	Schubverformung (f)
sheared edge defects (pl)	Schnittkantenfehler (m, pl) [Walzfehler]
sheared flow regions (pl)	getrennte Strömungsabschnitte (m, pl)
shear flow	Scherströmung (f)

shear force

shear force	Scherkraft *(f)*
shear fracture	Scherbruch *(m)*; Gleitbruch *(m)*
shear gasket	Scherdichtung *(f)*
shearing cross section	Abscherquerschnitt *(m)*
shearing strength	Abscherfestigkeit *(f)*; Scherfestigkeit *(f)*
shear lips *(pl)*	Scherlippen *(f, pl)*
shear modulus; rigidity modulus; modulus of rigidity	Schermodul *(m)*; Schubmodul *(m)*; Gleitmodul *(m)*
shear resistance; shear strength	Schubfestigkeit *(f)*; Schubsteifigkeit *(f)*; Scherfestigkeit *(f)*
shear stress	Schubspannung *(f)*; Scherspannung *(f)*
shear test specimen	Scherprobe *(f)*
shelf, lower ... [impact test]	Tieflage *(f)* [Kerbschlagbiegeversuch]
shelf, upper ... [impact test]	Hochlage *(f)* [Kerbschlagbiegeversuch]
shell	Mantel *(m)*; Schale *(f)*
shell-and-tube heat exchanger; tubular heat exchanger	Rohrbündelwärmeaustauscher *(m)*; Rohrbündelwärmeübertrager *(m)*; RWÜ; Mantelröhrenwärmeaustauscher *(m)*
shell course; shell strake	Mantelschuß *(m)*
shell cover flange	Deckelflansch *(m)* am Mantel
shell cutout	Mantelausschnitt *(m)*
shell of revolution	rotationssymmetrische Schale *(f)*
shell rotation	Manteldrehung *(f)*
shells *(pl)*	Schalen *(f, pl)* [Walzfehler]
shell-side flow	mantelseitige Strömung *(f)*
shell strake; shell course	Mantelschuß *(m)*
shell uplift [tank]	Abheben *(n)* des Mantels [Tank]
shielded inert-gas metal-arc welding; SIGMA welding	Sigmaschweißen *(n)*
shielded metal-arc welding; SMAW	Metall-Lichtbogenschweißen *(n)* mit umhüllter Elektrode
shims *(pl)*	Beilagen *(f, pl)* [Werkstoff]
shims *(pl)* under penetrameters [radiog.]	Beilagen *(f, pl)* unter Bohrlochbildgüteprüfstegen [Durchstrahlungsprüfung]
shock arrestor [pipe]	Stoßbremse *(f)* [Rohrleitung]
shock load	Stoßlast *(f)*
shock pulse	Stoßimpuls *(m)*
shock sensitive	stoßempfindlich
shock suppressor [pipe]	Stoßdämpfer *(m)* [Rohrleitung]
shock wave pressure	Stoßwellendruck *(m)*
shop assembly	Werkstattmontage *(f)*
shop weld	werkstattgeschweißte Naht *(f)*; Werkstattschweiße *(f)*
short arc welding; dip transfer arc welding	Kurzlichtbogenverfahren *(n)* [Schweißen]
short circuiting transfer [welding]	Werkstoffübergang *(m)* durch Kurzschlußbildung
short offset	kurzer Versatz *(m)* [S-Rohrstück]
short stub end	Vorschweißbund *(m)*
short term properties *(pl)*	Kurzzeitfestigkeitswerte *(f, pl)*
short term tensile strength characteristics *(pl)*	Kurzzeit-Zugfestigkeitseigenschaften *(f, pl)*

single-vee groove weld

shot [magn.t.]	Kurzmagnetisierung *(f)* [kurzer Erregerzyklus bei der Magnetpulverprüfung]
shoulders *(pl)*	Auflager *(n, pl)* [Prüfvorrichtung]
shrinkage	Schrumpfung *(f)*
shrinkage cavity [weld imperfection]	Lunker *(m)*; Schrumpflunker *(m)* [Schweißnahtfehler; Hohlraum infolge Schwindens beim Erstarren]
shrinkage crack	Schrumpfriß *(m)* [entsteht durch Behindern des Schrumpfens]
shrinkage groove; suck-back; root concavity; underwashing [weld imperfection]	Wurzelkerbe *(f)*; Wurzelrückfall *(m)* [Nahtfehler]
shrinkage stress	Schrumpfspannung *(f)*
shut-off stroke; closing pressure surge; closing shock	Schließdruckstoß *(m)*; Schließschlag *(m)*
shut-off valve; stop valve; isolating valve	Absperrventil *(n)*
SICC; strain-induced corrosion cracking	dehnungsinduzierte Rißkorrosion *(f)*
side bar, fillet-welded ...	kehlnahtgeschweißter Streifen *(m)* [bei Verwendung einer Spannhülse im Rohrleitungsbau; Längsnaht durch Auflegen eines kehlnahtgeschweißten Streifens]
side bend test	Seitenbiegeversuch *(m)*
side drilled bore	Seitenbohrung *(f)*
side groove	Seitenkerbe *(f)*
side outlet cross	Kreuzstück *(n)* mit seitlichem Abgang
side outlet tee	T-Stück *(n)* mit seitlichem Abgang
side rake	Seitenfreiwinkel *(m)*
side stiffening member [tank]	Seitensteife *(f)* [Tank]
sideway tripping	seitliche Auslenkung *(f)* [von Versteifungen]
SIGMA welding; shielded inert-gas metal-arc welding	Sigmaschweißen *(n)*
similar steels *(pl)*	artgleiche Stähle *(m, pl)*
simmering [of valve seat]	Schlagen *(n)* [des Ventilsitzes]
single banjo; adjustable elbow	richtungseinstellbare Winkelverschraubung *(f)*
single (bellows) expansion joint; single-type expansion joint	einbalgiger Kompensator *(m)*; einwelliger Dehnungsausgleicher *(m)*
single-bevel groove weld [US]	HV-Naht *(f)*
single-deck pontoon roof [tank]	Membran-Pontondach *(n)* [Tank]
single-edge notched bend specimen; SENB specimen	Dreipunktbiegeprobe *(f)*
single-edge notched tensile specimen; SENT specimen	einseitig gekerbte Zugprobe *(f)*
single-J-groove weld [US]	HU-Naht *(f)*
single-pass shell [heat exchanger]	eingängiger Mantel *(m)*; Mantel *(m)* mit einfachem Durchgang [Wärmeaustauscher]
single-phase medium	einphasiges Medium *(n)*
single-plane bend	in einer Ebene liegender Krümmer *(m)*
single-type expansion joint; single (bellows) expansion joint	einbalgiger Kompensator *(m)*; einwelliger Dehnungsausgleicher *(m)*
single-U groove weld [US]	U-Naht *(f)*
single-vee groove weld [US]	V-Naht *(f)*

single-vee groove weld with root face

single-vee groove weld with root face	halbe V-Naht *(f)*
singularity	Singularität *(f)*
singularity, elastic...	elastische Singularität *(f)*
singularity, plastic...	plastische Singularität *(f)*
singular stress field	singuläres Spannungsfeld *(n)*
siting	Standortwahl *(f)*
siting, seismic and geological...	Standortwahl *(f)* nach seismischen und geologischen Gesichtspunkten
size of root face	Steghöhe *(f)*
size of weld	Nahtabmessung *(f)* [Schweißen]
skelp	Röhrenstreifen *(m)*
skelp, coiled...	aufgeschnittener Blechstreifen *(m)*
sketch plates *(pl)* [tank]	Umrißbleche *(n, pl)* [Bodenbleche, auf denen der Tank lagert]
skin effect	Skineffekt *(m)*; Oberflächeneffekt *(m)*
skip distance; node reflection [ultras.]	Sprungabstand *(m)* [US-Prüfung]
skirt [UK] [theory of shells]	dünnwandige biegeschlaffe Schale *(f)* [Membran] [Begriff der Schalentheorie]
skirt [tank]	Bord *(m)* [Schwimmdecke; Tank]
skirt, cylindrical... [US]; cylindrical flange; straight flange [UK] [head/end]	zylindrischer Bord *(m)* [Boden]
skirt length; length of skirt [US]	Höhe *(f)* des zylindrischen Bords
skirt (support) [vessel]	Standzarge *(f)* [Stütze für zylindrische Behälter]
slag inclusion [weld imperfection]	Schlackeneinschluß *(m)* [nichtmetallische, nicht scharfkantige Einlagerung im Schweißgut; Nahtfehler]
slag line; linear inclusion [weld imperfection]	Schlackenzeile *(f)* [Nahtfehler]
slant fracture	schräge Bruchfläche *(f)*
sleeve [gen.]	Buchse *(f)*; Hülse *(f)*; Muffe *(f)*; Manschette *(f)* [allg.]
sleeve coupled joint	Schraubmuffenverbindung *(f)*
sleeve welding with spigot and sleeve	Heizelement-Muffenschweißen *(n)*
sliding anchor; directional anchor [expansion joint]	Gleitanker *(m)* [Kompensator]
sliding friction	Gleitreibung *(f)*
sliding socket joint	Gleitmuffe *(f)*; Steckmuffe *(f)*
sliding support	Gleitlager *(n)*
slight tearing	leichte Anrisse *(m, pl)*
slimline system, Wiggins... [tank]	Slimiline-Schwimmdachabdichtung *(f)* nach Wiggins; Wiggins-Schwimmdachabdichtung „Slimline" *(f)* [besteht aus einer mit Schaumstoffkern gefüllten Gummischürze. Der Schaumstoffkern ist der elastische Teil und übt die Aufgabe des Hebelsystems und der Druckfeder ähnlich wie beim Safety-Seal-Schwimmdachabdichtungssystem aus; Tankdachabdichtung]
sling stay	Bügelanker *(m)*
slip direction	Gleitrichtung *(f)*

soak thoroughly through

slip emergence	Gleiterscheinung *(f)*
slip flow	Schlupfströmung *(f)*
slip joint [pipe]	Gleitfuge *(f)* [Rohr]
slip-on backing flange	Überschieb-Gegenflansch *(m)*
slip-on flange; loose-type flange	loser Flansch *(m)*; Überschiebflansch *(m)*
slip-on flange, hubbed . . .	Überschiebflansch *(m)* mit Ansatz
slip-type expansion joint	Gleitrohrdehnungsausgleicher *(m)*; Gleitrohrkompensator *(m)*
sliver	Splitter *(m)* [Walzfehler]
sloping foundation [tank]	Fundament *(n)* mit Böschung [Tank]
slopover [tank]	kurzzeitiges Überschwappen *(n)*; Slopover *(m)* [bei Tankbränden; führt zum „Boilover"; siehe: boilover]
sloshing [tank]	Oberflächeneffekte *(m, pl)* der Flüssigkeit; Schwappen *(n)* [konvektive Flüssigkeitswirkungen; Spiegelschwingungen an der Oberfläche; Tank]
slotted hole	Langloch *(n)*
slot weld	Schlitznaht *(f)*
slug flow	Schwallströmung *(f)*; Strömungsschlag *(m)*
slugging	Stoßwellen *(f, pl)*
slung girder	Bügelanker *(m)*
small base of the cone	kleine Grundfläche *(f)* des Kegels
small scale yielding; SSY	Fließen *(n)* im kleinplastischen Bereich; Kleinbereichsfließen *(n)*
SMAW; shielded metal arc welding	Metall-Lichtbogenschweißen *(n)* mit umhüllter Elektrode
smooth bearing	glatte Auflagerfläche *(f)*
snaked [v] in the ditch [pipe]	frei aufgelagert; zwanglos im Graben verlegt [V] [elastisches Kunststoffrohr]
snap ring	Seegerring *(m)*; Sprengring *(m)*
snap-through buckling	Durchschlagen *(n)* [ursprünglich knickbelastete Elemente werden im zweiten stabilen Gleichgewichtszustand auf Zug belastet; Stabilitätsverlust von Tragwerken]
snap-through failure	durchbruchartiges Versagen *(n)*; durchschlagartiges Versagen *(n)*
S/N curve; stress number curve; fatigue curve; design fatigue curve	Wöhlerkurve *(f)*; Ermüdungskurve *(f)*; Dauerfestigkeitskurve *(f)*
sniffer (probe); sampling probe; pressure probe [leak test]	Schnüffelsonde *(f)*; Schnüffler *(m)*; Leckschnüffler *(m)* [Leckprüfung]
snubber	Dämpfer *(m)*; Stoßbremse *(f)*
snubbing	Stoßdämpfung *(f)* [von Durchflußstoffen]
snug fit	fester Paßsitz *(m)*
soaking	Wasserstoffarmglühen *(n)*; Wasserstoffeffusionsglühen *(n)* [Vorbeugung gegen Wasserstoffversprödung im Schweißgut und in der WEZ unmittelbar nach dem Schweißen]
soak temperature	Glühtemperatur *(f)*
soak [v] thoroughly through [heat treatment]	vollständig durchglühen [V] [Wärmebehandlung]

soak time

soak time	Glühzeit *(f)*
soap bubble test; soapsuds test	Seifenlaugenprüfung *(f)*; Lecksuche *(f)* mit Seifenlösung
socket bonded joint	Muffenklebeverbindung *(f)*
socket end fitting; female connector; female end fitting	Aufschraubverschraubung *(f)*
socket flange	Aufsteckflansch *(m)* [mit eingedrehtem Absatz]
socket heat fusion joint	Heizelement-Muffenschweißverbindung *(f)*
socket joint	Muffenschweißung *(f)*; Muffennaht *(f)*
socket welded joint	Schweißmuffenverbindung *(f)*
socket welding coupling	Schweißnippel *(m)*
socket welding elbow, 90° ...	Einsteckschweißwinkel *(m)*, 90° ...
socket welding fitting	Formstück *(n)* mit Einsteck-Schweißmuffen
socket welding fitting with spherical seal member	Schweißkugelverschraubung *(f)*
socket welding outlet	muffengeschweißter Abgang *(m)*
softening process	Ausglühverfahren *(n)*
softening treatment	Wärmebehandlung *(f)* durch Ausglühen
soft packing	Weichstoffdichtung *(f)*
soft-seated valve; soft seat valve; resilient seal valve	Weichsitzventil *(n)*
soft solder flux	Flußmittel *(n)* für Weichlot
soil embankment [tank]	Umwallung *(f)* [Tank]
soil support capability [tank]	Tragfähigkeit *(f)* des Erdbodens [Tank]
soldering	Weichlöten *(n)*
solder-joint fitting	Formstück *(n)* mit Lötfugen
solder-joint pressure fitting	Lötverschraubung *(f)*
solderless fitting	lötlose Rohrverschraubung *(f)*
solenoid valve	Magnetventil *(n)*
solid barrier	Festkörpersperre *(f)*
solid cylinder	Vollzylinder *(m)*
solid flat metal gasket	Flachdichtung *(f)* aus massivem Metall
solidification	Erstarrung *(f)*
solidification crack [weld imperfection]	Erstarrungsriß *(m)* [entsteht während des Erstarrens des Schweißbades; Nahtfehler]
solidification hole; interdendritic shrinkage [weld imperfection]	Makrolunker *(m)* [Schwingungshohlraum verschiedenartiger Gestalt im Schweißgut; Nahtfehler]
solidification pipe; crater pipe [weld imperfection]	Endkraterlunker *(m)* [Schwingungshohlraum im Endkrater; Nahtfehler]
solid inclusion [weld imperfection]	Feststoffeinschluß *(m)* [feste Fremdstoffeinlagerung im Schweißgut; Nahtfehler]
solution annealing; solution heat treatment	Lösungsglühen *(n)* [Wärmebehandlung]
solution treated [v]	lösungsgeglüht [V]
solvent-cemented joint	lösungsgeschweißte Verbindung *(f)*
sound beam [ultras.]	Schallstrahlenbündel *(n)* [US-Prüfung]
sound beam, far field portion of the ... [ultras.]	Fernfeldteil *(m)* des Schallstrahlenbündels [US-Prüfung]
source side marker [radiog.]	strahlenseitige Markierung *(f)* [Durchstrahlungsprüfung]

source-to-film-distance; focus-to-film distance [radiog.]	Abstand *(m)* Strahlenquelle-Film [Durchstrahlungsprüfung]
source-to-object distance [radiog.]	Abstand *(m)* Strahlenquelle-Werkstückoberfläche [Durchstrahlungsprüfung]
spacer	Distanzstück *(n)*
span	Stützweite *(f)*
sparse porosity	verstreute Porosität *(f)*
spatter [weld imperfection]	Schweißspritzer *(m)* [auf der Oberfläche des Grundwerkstoffs oder der Schweißnaht haftender Tropfen; Nahtfehler]
SPC; static precracking	statisches Anreißen *(n)*
specimen	Probe *(f)* [aus Prüf- oder Probenstück entnommen]
spectacle blind	Brillenflansch *(m)*; Brillensteckschieber *(m)*
spherical crown section	flachgewölbter Abschnitt *(m)* [Tellerboden]
spherical dished cover	flachgewölbter Behälterdeckel *(m)*; Tellerboden *(m)* [Tellerböden bestehen aus einem kugelig gewölbten Bodenteil und einem anschließenden Flanschring. Der Flanschring kann Schraubenlöcher bzw. Schraubenschlitze besitzen oder auch mit Verschlußnocken versehen sein.]
spherical gas tank	Kugelgasbehälter *(m)*
spherically-domed head [US]; spherically domed end [UK]	kugelförmig gewölbter Boden *(m)* [ohne Krempe]
spherical part	Kugelkalotte *(f)*
spherical pig; ball(-shaped) scraper; go-devil	Kugelmolch *(m)*; Trennkugel *(f)*
spherical radius	Wölbungsradius *(m)*; Kalottenradius *(m)*
spherical segment	Kalottenteil *(n)*
spherical shell	Kugelschale *(f)*
spherical valve; ball valve	Kugelventil *(n)*
spigot-and-socket joint	Steckmuffe *(f)* [Rohrleitung]
spigot part	Vorsprung *(m)*; vorspringender Teil *(m)*
spillage [tank]	Überflutungen *(f, pl)* [Tank]
spills *(pl)*	Schuppen *(f, pl)* [Walzfehler]
spiral-finned oval tube	mit Rippen spiralförmig umwickeltes Ovalrohr *(n)*
spiral-plate heat exchanger	Spiralwärmeaustauscher *(m)*
spiral wound asbestos-filled (metal) gasket	Spiralasbestdichtung *(f)*
splash balls *(pl)*	Spritzkugeln *(f, pl)* [Blasen und metallische Einschlüsse mit gleicher chemischer Zusammensetzung wie der Grundwerkstoff; Gußfehler]
split backing ring [welding]	geteilter Unterlegering *(m)* [Schweißen]
split flow	geteilte Strömung *(f)* [mit Leitblech]
split-flow shell	Mantel *(m)* mit geteilter Strömung
split-ring floating head heat exchanger	Wärmeaustauscher *(m)* mit zweiteiligen Ringen und Schwimmkopf
split shear ring	zweiteiliger Abscherring *(m)*
spot facing [flange bearing]	Hinterfräsen *(n)* [Flanschauflagefläche]
spot radiography	stellenweise Durchstrahlungsprüfung *(f)*

spot weld

spot weld	Punktschweißnaht *(f)*
spot-welded joint	Punktschweißverbindung *(f)*
spray arc	Sprühlichtbogen *(m)*
spray-fuse method	Spritzschmelzverfahren *(f)*
spring-compensated pipe hanger	Federausgleichshänger *(m)*
spring-loaded safety valve	federbelastetes Sicherheitsventil *(n)*
spring pressure [valve]	Federanpreßdruck *(m)* [Ventil]
spring rate	Federkonstante *(f)*
spring supports *(pl)*	federnde Auflager *(n, pl)*; federnde Unterstützungen *(f, pl)*
sputtering temperature	Versprühtemperatur *(f)* [Wandtemperatur in der Benetzungsfront, bei der ein Versprühen des Flüssigkeitsfilms eintritt]
square groove weld [US]; square butt joint [UK]	I-Naht *(f)*
square thread	Flachgewinde *(n)*
square tube arrangement	quadratische Rohrteilung *(f)* [in Strömungsrichtung fluchtend]
squeeze-type gasket	Quetschdichtung *(f)* mit reduzierter Dichtpressung
squirm [expansion joint]	Verdrehung *(f)* [Kompensator]
SSE; safe shutdown earthquake	Sicherheitserdbeben *(n)*
SSY; small scale yielding	Fließen *(n)* im kleinplastischen Bereich; Kleinbereichsfließen *(n)*
stability (under load)	Standfestigkeit *(f)*
stabilizing	Stabilglühen *(n)*; Stabilisierungsglühen *(n)*
stable crack growth	stabiles Rißwachstum *(n)*
stable surface defect	lagefester Oberflächenfehler *(m)*
staggered tube arrangement	versetzte Rohranordnung *(f)*
stagnant area	Stauzone *(f)*
stagnation enthalpy	Staupunkt-Enthalpie *(f)*
stagnation flow	Staupunktströmung *(f)*
stagnation temperature	Staupunkttemperatur *(f)*
stair stringer	Treppenwange *(f)*
standard Charpy impact test	Standard-Kerbschlagbiegeversuch *(m)* nach Charpy
standard dimensional ratio; SDR	genormtes Maßverhältnis *(n)*
standard leak; calibrated leak; reference leak; sensitivity calibrator; test leak	Eichleck *(n)*; Testleck *(n)*; Vergleichsleck *(n)*; Leck *(n)* bekannter Größe; Bezugsleck *(n)*
standard leak rate	normale Leckrate *(f)*; normale Ausflußrate *(f)*
standard service pressure	Norm-Versorgungsdruck *(m)* [Gasleitung]
standpipe	Standrohr *(n)* [Druckausgleich]
standup pressure test	Druckhalteprüfung *(f)*
star crack	strahlenförmiger Riß *(m)*
starting materials *(pl)*	Vormaterialien *(n, pl)*
state of plane strain	ebener Dehnungszustand *(m)*; EDZ
state of plane stress	ebener Spannungszustand *(m)*; ESZ
statically cast pipe	ruhend vergossenes Rohr *(n)*
static casting	ruhend vergossenes Gußstück *(n)*
static line	Stauleitung *(f)*
static loading	ruhende Beanspruchung *(f)*
static piping system	fest verlegte Rohrleitung *(f)*

static precracking; SPC	statisches Anreißen *(n)*
static seal	ruhende Dichtung *(f)*; statische Dichtung *(f)*
static sparking	Funkenbildung *(f)* durch statische Aufladung
static stress	statische Beanspruchung *(f)*
stationary flow; steady-state flow	stationäre Strömung *(f)*
stationary head	fester Boden *(m)*; Festkopfboden *(m)*
stationary head type integral with tubesheet	fester Boden *(m)* in einem Stück mit dem Rohrboden
stationary state; steady state	Beharrungszustand *(m)*; stationärer Zustand *(m)*
stationary tubesheet	feste Rohrplatte *(f)*; Festkopf-Rohrboden *(m)*
staybolt	Stehbolzen *(m)*
stayed surface	verankerte Fläche *(f)*
staying action	Versteifungswirkung *(f)*
staytube	Ankerrohr *(n)* [Behälterunterstützung]
steady conduction of heat; steady(-state) heat conduction; heat conduction in the steady state	stationäre Wärmeleitung *(f)*
steady internal pressure	Innendruck *(m)* im Beharrungszustand
steady state; stationary state	Beharrungszustand *(m)*; stationärer Zustand *(m)*
steady-state characteristics *(pl)*	Beharrungsverhalten *(n)*; stationäres Verhalten *(n)*
steady-state discharge condition	stationärer Abblasezustand *(m)*
steady-state flow; stationary flow	stationäre Strömung *(f)*
steam binding	örtliche Strömungsblockagen *(f, pl)* [Wärmetechnik]
steel ball test [pipe]	Kugeldurchlaufprobe *(f)* [Rohr]
steel bulkhead plate [tank]	Stahlspundwand *(f)* [Tank]
steel making process	Stahlerschmelzungsverfahren *(n)*
steel pad	Stahlpuffer *(m)*
steel pad [tank]	stählerne Fußplatte *(f)* [Tank]
steel shoes [tank]	stählernes Gleitblech *(n)* [Tank]
stem [valve]	Spindel *(f)* [Ventil]
stem leakage [valve]	Lecken *(n)* der Ventilspindel [Ventil]
stem seal [valve]	Spindeldichtung *(f)* [Ventil]
stem thread [valve]	Schaftgewinde *(f)* [Ventil]
step cooling	simulierende Wärmebehandlung *(f)*; simuliertes Langzeitglühen *(n)*
step wave	rampenförmige Druckentlastungswelle *(f)*
step-wedge calibration film; step-wedge comparison film; density comparison strip [radiog.]	Stufenkeilkontrollfilm *(m)*; Stufenkeilvergleichsfilm *(m)*; Schwärzevergleichsstreifen *(m)* [Durchstrahlungsprüfung]
sticking friction; sticktion	Haftreibung *(f)*
stiffening effect	Versteifungswirkung *(f)*
stiffening ring; ring stiffener [gen.]	Versteifungsring *(m)* [allg.]
stiffening ring [tank]	Windträger *(m)*; Ringsteife *(f)* [Tank]
stitching [weld imperfection]	Frequenzstiche *(m, pl)* [Schweißnahtfehler]
stop and check valve, combined . . .	kombiniertes Absperr- und Rückschlagventil *(n)*
stopcock	Absperrhahn *(m)*

stopper

stopper; body stop	Anschlag *(m)* [Begrenzung bei Absperrklappe]
stop start [weld imperfection]	Anfangs- und Endkrater *(m)* [Schweißfehler beim Ansatz]
stop/start position [welding]	Absetz-/Anfangsstelle *(f)* [Schweißen]
stop valve; isolating valve; shut-off valve	Absperrventil *(n)*
stored product	Speichergut *(n)*
straddle scan technique [ultras.]	Doppel-Winkelkopfverfahren *(n)* [US-Prüfung]
straight check valve; straightway check valve; in-line check valve	Rückschlagventil *(n)* mit geradem Durchfluß
straight coupling; straight fitting	Durchgangsverschraubung *(f)*; gerade Rohrverbindung *(f)*; gerade Rohrverschraubung *(f)*
straightening force	Richtkraft *(f)* [Kraft, die ausrichtend, geraderichtend wirkt]
straight flange; cylindrical flange [UK]; cylindrical skirt [US] [end/head]	zylindrischer Bord *(m)* [Boden]
straight male coupling	gerade Verschraubung *(f)* mit Außengewinde
straight polarity [US] [welding]	negative Polung *(f)* [Schweißen]
straight polarity [UK] [welding]	positive Polung *(f)* [Schweißen]
straight-run globe valve	Niederschraubventil *(n)* mit geradem Durchgang; Durchgangsventil *(n)*
straight thread	zylindrisches Gewinde *(n)*
straight-tube heat exchanger	Geradrohr-Wärmeaustauscher *(m)*; Wärmeaustauscher *(m)* mit geraden Rohren; Wärmeaustauscher *(m)* mit geradem Rohrbündel
straightway check valve; straight check valve; in-line check valve	Rückschlagventil *(n)* mit geradem Durchfluß
straightway Y-type globe valve	Durchgangsventil *(n)* in Y-Ausführung
strain	Dehnung *(f)*; Reckung *(f)*; Verformung *(f)*
strain, local ...	örtliche Verformung *(f)*
strain ageing	Reckalterung *(f)*
strain analysis	Dehnungsanalyse *(f)*
strain before reduction in area	Gleichmaßdehnung *(f)*
strain concentration factor	Dehnungsformzahl *(f)*; Dehnungskonzentrationsfaktor *(m)*
strain cycling fatigue data *(pl)*	Dauerfestigkeitskennwerte *(m, pl)* bei zyklischer Verformung; Dehnungszyklen *(m, pl)*
strain energy	Dehnungsenergie *(f)* [örtlich/infinitesimal]; Verformungsenergie *(f)* [global/integral]; Formänderungsenergie *(f)*
strain energy density	spezifische Formänderungsarbeit *(f)*
strain energy release rate	Energiefreisetzungsrate *(f)* [Energie-Bilanz-Kriterium]
strain gauge	Dehnungsmeßstreifen *(m)*
strain hardening [material]	Verfestigung *(f)*; Verfestigungsverformung *(f)* [Werkstoff]
strain hardening exponent	Verfestigungsfaktor *(m)*; Verfestigungsindex *(m)*
strain-induced corrosion cracking; SICC	dehnungsinduzierte Rißkorrosion *(f)*
strain intensification	Dehnungserhöhung *(f)*

stress intensification

strain length	Dehnlänge *(f)*
strain length of bolt	Schraubenlängung *(f)*; Längung *(f)* der Schraube
strain limit	Dehngrenze *(f)*
strain limiting load	Grenzdehnungslast *(f)*
strain measurement	Dehnungsmessung *(f)*
strain of external fibre	Reckung *(f)* der äußeren Faser; Außenfaserreckung *(f)*
strain range	Dehnungsschwingbreite *(f)*
strain rate	Dehngeschwindigkeit *(f)*; Verformungsgeschwindigkeit *(f)*
strake; course	Schuß *(m)* [Behälter]
stranded electrode	verdrillte Elektrode *(f)*
strap	Schellenband *(n)*; Bandeisen *(n)*
strapped butt joint	Stumpfstoß *(m)* mit Lasche
strapping	Verlaschung *(f)*
stratified flow	Schichtenströmung *(f)*
stratified two-phase flow	geschichtete Zweiphasenströmung *(f)*
stray flash; arc strike; arc burn	Zündstelle *(f)*; Lichtbogenüberschlag *(m)*; Lichtbogenzündstelle *(f)* [Definition siehe: „arc strike"]
streaming transfer [gas-shielded metal-arc welding]	fließender Werkstoffübergang *(m)* [beim Metallschutzgasschweißen]
streamline flow; laminar flow	Laminarströmung *(f)*; laminare Strömung *(f)*; schlichte Strömung *(f)*
street elbow; port connection; male elbow; male connector	Einschraubverbindung *(f)*; Winkelverschraubung *(f)*; Einschraubzapfen *(m)*; Einschraubwinkel *(m)*
street tee; male run tee	T-Verschraubung *(f)* mit Einschraubzapfen im durchgehenden Teil
strength grade	Festigkeitsklasse *(f)*
strength weld	tragende Naht *(f)*; Festigkeitsschweiße *(f)*
strength-welded [v]	tragend verschweißt [V]
stress	Spannung *(f)*
stress analysis	Spannungsanalyse *(f)*
stress coat method	Reißlackverfahren *(n)*
stress concentration factor	Formzahl *(f)*; Spannungskonzentrationsfaktor *(m)* [z. B. bei geometrischen Umstetigkeiten, Querschnittsveränderungen]
stress concentrations *(pl)*	Spannungskonzentrationen *(f, pl)*
stress corrosion cracking; SCC	Spannungsrißkorrosion *(f)*; SRK
stress curve	Spannungsverlauf [örtlich]
stress cycle	Spannungszyklus *(m)* [Lastspiel]
stress difference	Spannungsdifferenz *(f)*
stresses *(pl)* due to thermal skin effect	Wärmeschockspannungen *(f, pl)* [wirken sich auf der Oberfläche eines Bauteils aus und führen zu flächig verteilten Anrissen]
stress evaluation	spannungstechnische Beurteilung *(f)*
stress history; history of stress	Spannungsverlauf *(m)* [zeitlich]
stress index	Spannungsbeiwert *(m)* [für Spannungskategorien oder Spannungsarten]
stressing conditions *(pl)*	Beanspruchungszustände *(f, pl)*
stress intensification	Spannungserhöhung *(f)*

stress intensification factor

stress intensification factor	Spannungserhöhungsfaktor *(f)*
stress intensity	Vergleichsspannung *(f)*
stress intensity factor	Beiwert *(m)* für die Vergleichsspannung; Vergleichsspannungsbeiwert *(m)* [Bestimmung der Zugfestigkeit oder Streckgrenze; Umwandlung einer dreiachsigen in eine einachsige Spannung nach der von-Mises-Theorie]
stress intensity factor [fracture mechanics]	Spannungsintensitätsfaktor *(m)* [in der Bruchmechanik bei Bruchspannung K_{Ic}]
stress number curve; S/N curve; (design) fatigue curve	Wöhlerkurve *(f)*; Ermüdungskurve *(f)*; Dauerfestigkeitskurve *(f)*
stress optimisation; optimisation of stresses	Spannungsoptimierung *(f)*
stress per unit area; unit stress	Spannung *(f)* pro Flächeneinheit
stress raiser	Spannungserhöhungsursache *(f)*
stress range	Spannungsschwingbreite *(f)*
stress range reduction factor for cyclic condition	Minderungsfaktor *(m)* der Spannungsschwingbreite bei Wechselbeanspruchung
stress redistribution	Spannungsumlagerung *(f)*
stress reduction factor	Spannungsabminderungsbeiwert *(m)*
stress relaxation	Spannungsrelaxation *(f)*
stress relief cracking; stress relief embrittlement	Relaxationsversprödung *(f)*; Relaxationsrißbildung *(f)* [Kriechversprödung; Rißbildung in der WEZ während der entspannenden Wärmebehandlung nach dem Schweißen]
stress relief heat treatment; stress relieving	Spannungsarmglühen *(n)*
stress relieving; stress relief heat treatment	Spannungsarmglühen *(n)*
stress report	Spannungsanalysenergebnisse *(n, pl)*; Ergebnisse *(n, pl)* der Spannungsanalyse
stress reversal	Wechselbeanspruchung *(f)*
stress rupture properties *(pl)*; creep properties *(pl)*	Zeitstandeigenschaften *(f, pl)*; Zeitdehnverhalten *(n)*
stress rupture strength; creep rupture strength	Zeitstandfestigkeit *(f)*
stress spectrum	Spannungsspektrum *(n)*
stress-strain analysis	Spannungs-Dehnungsanalyse *(f)*
stress-strain behaviour	Spannungs-Dehnungsverhalten *(n)*
stress-time plots *(pl)*	Spannungs-Zeitkurven *(f, pl)*
stress/time-to-rupture test; stress rupture testing; creep (stress) rupture test; creep test	Zeitstandversuch *(m)*
stretched fibre	gereckte Faser *(f)*
stretched zone	Rißabstumpfungsbereich *(m)* am Übergang Ermüdungsriß/Gewaltbruch; aufgewölbter Bereich *(m)* an der Rißspitze [Rißspitzenplastifizierung; Rißbruchmechanik]
striations *(pl)*	Riefen *(f, pl)* [Fehlerart]

superimposed permanent load

striations *(pl)*, fatigue . . .	Schwingungsstreifen *(m, pl)* [streifenförmige Markierungen auf Schwingbruchflächen in mikroskopischen Bereich]
striking coefficient	Haftwahrscheinlichkeit *(f)* [von Wasserstoffmolekülen bei der Wasserstoffversprödung]
stringer bead [welding]	Strichraupe *(f)* [Schweißen]
stringer bead technique [welding]	Strichraupentechnik *(f)* [Schweißen]
strip lining	Auskleidungsstreifen *(m)*
strip weld cladding	Bandplattierung *(f)*
strip wound compound vessel	Wickelbehälter *(m)*
strip yield model	Streifenfließmodell *(n)*; plastisches Zonenmodell *(n)*
structural analysis	statische Berechnung *(f)*
structural attachment	Anbauteil *(n)*
structural control	Verformungskontrolle *(f)*
structural discontinuities *(pl)*	strukturelle Werkstofftrennungen *(f, pl)*
structural geometry	Gefügegeometrie *(f)*
structural grade carbon steel	unlegierter Baustahl *(m)*
structural grade quality factor	Baustahl-Gütefaktor *(m)*
structural hollow section	Hohlprofil *(n)*
structural member	Bauteil *(n)*
structural shapes *(pl)* [tank]	Profile *(n, pl)*; Profileisen *(n, pl)* [Tank]
structural stability	konstruktive Stabilität *(f)* [Statik]
structural stability [material]	Stabilität *(f)* des Gefüges [Werkstoff]
strut member; strut section	Verstrebung *(f)*; Verstrebungsprofil *(n)*
stud	Gewindebolzen *(m)*
studded connection	Blockflansch *(m)* [Stiftschraubenverbindung]
stud hole	Sackloch *(n)*
stuffing box; (packed) gland; packing box	Stopfbuchse *(f)*
subcooled boiling	unterkühltes Sieden *(n)*
subcritical annealing	Rekristallisationsglühen *(n)*
subcritical crack growth	unterkritisches Rißwachstum *(n)*
subgrade [tank]	Unterbau *(m)* [Tank]
submerged arc welding; SAW	Unterpulverschweißen *(n)*; UP-Schweißen *(n)*
subsize specimen	Untermaß-Probe *(f)*
subsonic flow	Unterschallströmung *(f)*
substitute defect; equivalent flaw	Ersatzfehler *(m)*
subsurface defect	oberflächennaher Fehler *(m)*
successive thermal cycles *(pl)*	aufeinanderfolgende Temperaturzyklen *(m, pl)*
successive tube passes *(pl)*	hintereinandergeschaltete Rohrdurchgänge *(m, pl)*
suck back; root concavity; underwashing; shrinkage groove [weld imperfection]	Wurzelkerbe *(f)*; Wurzelrückfall *(m)* [Nahtfehler]
suck-up [weld imperfection]	Absaugung *(f)*; hohle Wurzeloberfläche *(f)* [Nahtfehler]
suction pressure; vacuum pressure	Unterdruck *(m)*
superficial load; live load	Verkehrslast *(f)*
superfine-grained [structure]	feinstkörnig [Gefüge]
superimposed faults *(pl)*	überlagerte Fehler *(m, pl)*
superimposed loads *(pl)*	überlagerte Lasten *(f, pl)*
superimposed permanent load	ständig aufliegende Last *(f)*

supersonic flow

supersonic flow	Überschallströmung *(f)*
support [gen.]	Auflager *(n)*; Widerlager *(n)*; Unterstützung *(f)*; Halterung *(f)*; Konsole *(f)* [allg.]
support bracket	Tragkonsole *(f)*
support capability	Tragfähigkeit *(f)*
supported area	Stützfläche *(f)*
supported cone roof [tank]	aufgelagertes Kegeldach *(n)* [Tank]
supporting flange	Stützbord *(m)*
supporting lug	Stützpratze *(f)* [Behälter-Stützkonsole]
supporting saddle	Sattelauflager *(n)*
support plate	Stützplatte *(f)*
support ring	Stützring *(m)*
support saddle	Tragsattel *(m)*
surface	Oberfläche *(f)*
surface cavity	Oberflächenhohlraum *(m)*
surface crack [weld imperfection]	Oberflächenriß *(m)* [Riß an der Werkstückoberfläche im Bereich des Elektrodeneindrucks oder im Schweißnahtbereich; Nahtfehler]
surface finish	Oberflächenbeschaffenheit *(f)* [fertige Oberfläche]
surface flow	Oberflächenströmung *(f)*
surface (heat transfer) coefficient	Wärmeübergangszahl *(f)*
surface pore [weld imperfection]	Oberflächenpore *(f)* [zur Oberfläche geöffnete Pore; Nahtfehler]
surface protuberance [weld imperfection]	wulst- oder gratförmiger Überhang *(m)* [Nahtfehler]
surfacing	Auftragsschweißung *(f)*
surplus flow loss; excess flow loss	Überströmverlust *(m)*
swaged nipple	reduzierter Rohrdoppelnippel *(m)*
sweep board [tank]	Kreisschablone *(f)* [zur Messung der Abweichung waagerecht/senkrecht von der Zylinderform; Tank]
sweep (line); time base [ultras.]	Zeitablenkung *(f)*; Zeitlinie *(f)* [US-Prüfung]
sweep range [ultras.]	Zeitablenkbereich *(m)* [US-Prüfung]
sweep range calibration [ultras.]	Justierung *(f)* des Zeitablenkbereichs [US-Prüfung]
swelling [gasket]	Quellen *(n)* [Dichtung]
swing expansion joint	Gelenkkompensator *(m)* [Lateralkompensator]
swivel-type expansion joint [permits single-plane rotational movement of a piping system]	Gelenkkompensator *(m)* [ermöglicht Verdrehbewegung eines Rohrleitungssystems in einer Ebene]
system relief [gas pipeline]	Netzdruckregler [Gasleitung]

T

tack weld	Heftschweiße *(f)*
tack weld defect	Heftstellenfehler *(m)*
tack-welding clamp	Schweißheftschelle *(f)*
tail; tangent [US]; cuff [UK]	zylindrischer Auslauf *(m)* [Def: siehe „tangent"]
tail [flaw indication]	Ausläufer *(m)* [Fehleranzeige]
tamper-resistant mechanical fastener	verstemmfeste mechanische Befestigung *(f)*
tangent [US]; cuff [UK]; tail [straight unconvoluted portion at the ends of the bellows of an expansion joint]	zylindrischer Auslauf *(m)* [gerader, nicht gewellter Teil an den Balgenden eines Kompensators]
tank	Tank *(m)*; Behälter *(m)*; Flüssigkeitsbehälter *(m)* [Lagerbehälter, bei dem Druck (Über-/Unterdruck) durch das Betreiben (Befüllen/Entleeren) auftritt]
tank capacity	Fassungsvermögen *(n)* des Tanks; Tankinhalt *(m)*
tank farm	Tanklager *(n)*
tank filling height	Füllhöhe *(f)* im Tank
tank shell	Tankmantel *(m)*
tank support	Tankauflagerung *(f)*
tank with tight roof	Festdachtank *(m)*
tapered course	Kegelschuß *(m)*
tapered nozzle	konischer Stutzen *(m)*
tapered thread	konisches Gewinde *(n)*; kegeliges Gewinde *(n)*
taper hub flange	Flansch *(m)* mit konischem Ansatz
taper weld	verjüngte Schweißnaht *(f)*
tapped hole	Gewindebohrung *(f)*; Gewindeloch *(n)*
tearing instability	Versagen *(n)* durch stabiles Rißwachstum vor Erreichen der plastischen Grenzlast [Bruchmechanik]
tearing mode	Reißmodus *(m)*
tee connection	T-förmige Verbindung *(f)*
tee joint	T-Stoß *(m)*
TEF; temper embrittlement factor	Anlaßversprödungsfaktor *(m)*
telescoping sleeve; (telescoping) liner; internal sleeve [expansion joint]	Teleskophülse *(f)* [zur Verminderung des Kontakts zwischen der inneren Oberfläche von Kompensatorbälgen und dem Strömungsmittel]
tell-tale hole	Kontrollbohrung *(f)*
TEM; transmission electron microscopy	Transmissions-Elektronenmikroskopie *(f)*; TEM
temper [US] [material]	Härtestufe *(f)*; Härtegrad *(m)* [Werkstoff]
temper [v] [heat treatment]	anlassen [V] [Wärmebehandlung]
temperature cycling	Temperaturwechselbeanspruchung *(f)*
temperature drifting	Temperaturanstieg *(m)* [zeitlicher Anstieg der Temperatur]; Driften *(n)*
temperature efficiency	Temperaturwirkungsgrad *(m)*
temperature falling below dew-point level	Taupunktunterschreitung *(f)*
temperature fluctuation	Temperaturschwankung *(f)*

temperature gradient	Temperaturgefälle *(n)*
temper bead welding; half bead technique	Vergütungslagenschweißen *(n)*
temper-brittle fracture	Anlaßsprödbruch *(m)*
temper brittleness	Anlaßsprödigkeit *(f)*
temper colour; temper film; visible oxide film [weld]	Anlauffarbe *(f)* [oxydierte Oberfläche im Bereich der Schweißnaht]
temper embrittlement	Anlaßversprödung *(f)*
temper embrittlement factor; TEF	Anlaßversprödungsfaktor *(m)*
tempering [heat treatment]	Anlassen *(m)* [Wärmebehandlung]
temporary restraint [expansion joint]	provisorische Arretierung *(f)* [von Kompensatoren bei zusätzlicher Druckbeanspruchung der Rohrleitung während der Prüfung]
temporary weld	provisorische Schweißnaht *(f)*
temporary weld attachments *(pl)*	Hilfsschweißungen *(f, pl)* [Montage]
tensile bending stress	positive Biegespannung *(f)* [Zug]
tensile ductility	Formänderungsvermögen *(n)* unter Zugbeanspruchung; Zähigkeit *(f)* auf Zug
tensile fracture	Zugbruch *(m)*
tensile load	Zugbeanspruchung *(f)*
tensile specimen	Zugprobe *(f)*
tensile strain	Zugdehnung *(f)*; Zugverformung *(f)*
tensile strength	Zugfestigkeit *(f)*
tensile stress	Zugspannung *(f)*
tensile test	Zugversuch *(m)*
tension	Spannung *(f)*; Zugkraft *(f)*; Zug *(m)*
tension stress range	Zugspannungsschwingbreite *(f)*
terminal dimension	Anschlußmaß *(n)* [für Rohrleitungen, Kanäle]
terminal movements *(pl)*	Bewegungen *(f, pl)* an Anschlußstellen
terminal point	Endpunkt *(m)*
terminal reactions *(pl)*	Reaktionskräfte *(f, pl)* an den Anschlußstellen
terrace fractures [lamellar tearing]	längere parallel zur Oberfläche verlaufende Bruchpartien *(f, pl)* [bei Lamellenrißbildung]
TESP; test and examination sequence plan	Bauprüffolgeplan *(m)*
test; examination; check; inspection	Prüfung *(f)*
test and examination sequence plan; TESP	Bauprüffolgeplan *(m)*
test block; reference block [ultras.]	Prüfblock *(m)*; Prüfkörper *(m)*; Testkörper *(m)*; Kontrollkörper *(m)* [US-Prüfung]
test for resistance to intercrystalline corrosion	IK-Prüfung *(f)*; Prüfung *(f)* der Beständigkeit gegen interkristalline Korrosion
test gas; probe gas; search gas [leak test]	Testgas *(n)*; Prüfgas *(n)* [Leckprüfung]
test leak; calibrated leak; sensitivity calibrator; reference leak; standard leak	Eichleck *(n)*; Testleck *(n)*; Vergleichsleck *(n)*; Leck *(n)* bekannter Größe; Bezugsleck *(n)*
test piece	Prüfstück *(n)* [bei Schweißer- und Schweißverfahrensprüfungen]; Probestück *(n)* [zur Prüfung der Festigkeit]
test plate	Probestück *(n)* [Blech; aus Los]; Prüfstück *(n)* [Blech; bei Schweißer- und Schweißverfahrensprüfungen]

thermal wedge

test plate, production . . .	Arbeitsprüfstück (n) [zwei Arbeitsproben (Bleche) werden zusammengeschweißt und bilden das Arbeitsprüfstück für die Arbeitsprüfung]
test sensitivity	Prüfempfindlichkeit (f)
test sensitivity setting	Einstellung (f) der Prüfempfindlichkeit
test setup	Prüfanordnung (f)
test specification	Prüfvorschrift (f)
test specimen	Probe (f) [aus Prüfstück]
test specimen blank	Rohling (m) für die Prüfung
theoretical throat [fillet weld]	rechnerische Kehlnahtdicke (f) [Gesamtdicke]
theory of failure	Festigkeitshypothese (f)
theory of maximum shear stresses	Schubspannungshypothese (f) [Umrechnung einer mehrachsigen in eine einachsige Spannung = Vergleichsspannung]
theory of plastic limit analysis	Traglastverfahren (n) im Rahmen der Plastizitätstheorie
theory of rigid body rotation	Theorie (f) der Rotation starrer Körper
thermal buffer	Wärmesperre (f)
thermal coefficient of expansion	Wärmeausdehnungskoeffizient (f)
thermal conductance	Wärmeleitung (f)
thermal conductivity	Wärmeleitfähigkeit (f)
thermal contact	thermischer Kontakt (m) [inniger Kontakt für einen guten Wärmefluß zwischen Rohr und Rohrboden]
thermal cyclic stress	Wärmewechselbeanspruchung (f)
thermal cycling	Wärmelastspiele (n, pl)
thermal design	wärmetechnische Berechnung (f)
thermal fatigue	Ermüdung (f) durch Wärmebeanspruchung
thermal history	Verlauf (m) der Wärme [zeitlich]
thermal movement	wärmebedingte Bewegung (f)
thermal performance rating [heat exchanger]	Wärmeleistungsbemessung (f) [Wärmeaustauscher]
thermal relief	Entlastung (f) bei Wärmedehnung
thermal resistance	Wärmeleitwiderstand (m)
thermal shock	Wärmeschock (m); Thermoschock (m)
thermal shock resistance	Wärmeschockfestigkeit (f)
thermal skin effect, stresses due to . . .	Wärmeschockspannungen (f, pl); [wirken sich auf der Oberfläche eines Bauteils aus und führen zu flächig verteilten Anrissen]
thermal sleeve	Wärmeschutzhülse (f); Wärmemanschette (f)
thermal stability	Wärmebeständigkeit (f)
thermal stress	Wärmespannung (f); Temperaturspannung (f)
thermal stress ratchet(ing)	stufenweise fortschreitende Deformation (f) aufgrund von Wärmespannungen; wärmespannungsbedingte fortschreitende Deformation (f); schrittweises Versagen (n) bei lokalen thermischen Wechselbeanspruchungen [nicht im Zeitstandbereich]
thermal stress resistance	Wärmespannungswiderstand (m)
thermal wedge	Wärmekeil (m); thermischer Keil (m)

thermit welding process	Thermitschweißverfahren *(n)*
thermostatic expansion valve	thermostatisches Expansionsventil *(n)*
thermowell	Tauchhülse *(f)*
thinning	Dickenabnahme *(f)* [Wand]
third-party field (fabrication) inspection	Bauüberwachung *(f)* [auf der Baustelle durch z. B. TÜV/Kunde; Tätigkeit]
threaded bolt	Gewindebolzen *(m)*
threaded bonnet joint	geschraubte Aufsatzverbindung *(f)*
threaded connection	Gewindeanschluß *(m)*
threaded element	Einschraubelement *(n)*
threaded flange	Gewindeflansch *(m)*
threaded pipe end	Rohrende *(n)* mit Gewinde
threaded plug	Gewindestopfen *(m)*
threaded port	Gewindeanschluß *(m)*
threaded ring	Gewindering *(m)*
threaded rod	Gewindestange *(f)*
thread engagement	Gewindeeingriff *(m)*
thread pitch	Gewindesteigung *(f)*
thread reducer	Reduzierstück *(n)* [mit beiderseitigem Gewinde *(n)*]; Gewindereduzierstück *(n)*
thread runout; runout	Gewindeauslauf *(m)*
thread sealant	Gewindedichtungsmittel *(n)*
threadstripping	Abstreifen *(n)* des Muttergewindes [Versagensart]
three-dimensional stress distribution	dreidimensionale Spannungsverteilung *(f)*
three-edge bearing test	Dreikantenauflagerversuch *(m)*
three-plate laps *(pl)* [tank]	Dreiplattenstöße *(m, pl)* [Tank]
three-ply assembly	dreischichtiges Bauteil *(n)*
three-point loading	Dreipunkt-Belastung *(f)*
threshold level	Anschrechschwelle *(f)*
threshold range	Schwellenbereich *(m)*
threshold stress intensity factor for stress corrosion cracking	Schwellenwert *(m)* des Spannungsintensitätsfaktors für Spannungsrißkorrosion
threshold stress value	Spannungsschwellenwert *(m)* [Schwellenwert der zyklischen Spannungsintensität, unter dem ein Ermüdungsriß in metallischen Werkstoffen nicht ausbreitungsfähig ist]
throat thickness, (actual ...) [fillet weld]	Nahthöhe *(f)*; Schweißnahthöhe *(f)* [Kehlnaht; Schweißen]
throttle valve	Drosselventil *(n)*
throttling length; choke length; restrictive length [valve]	Drossellänge *(f)* [Ventil]
throttling position [valve]	drosselnde Stellung *(f)* [Ventil]
through-coil technique [eddy t.]	Durchlaufspulentechnik *(f)* [Wirbelstromprüfung]
through crack	durchgehender Riß *(m)*
through-rod	durchgehender Ankerstab *(m)*
through-stay	durchgehender Anker *(m)*
through-thickness crack	Durchriß *(m)*
through-thickness defect	über die Dicke verlaufender Fehler *(m)*
thrust	Axialdruck *(m)* [Schub]
thrust block [tank]	Drucklager *(n)* [Tank]

torispherical end

thrust from thread	Gewindedruck *(m)*
thrust load	Axialschub *(m)*
thrusts *(pl)*	Schubkräfte *(f, pl)*
tie bar [expansion joint]	Flacheisengelenk *(n)* [zur Übertragung der Längskräfte bei Kompensatoren]
tie-in dimension	Anschlußmaß *(n)* [für Rohrleitungen, Kanäle]
tie rod [expansion joint]	Längsanker *(m)*; Gelenkstange *(f)* [zur Übertragung der Längskräfte bei Kompensatoren]
TIG welding; tungsten inert gas welding [UK]; gas tungsten-arc welding; GTAW [US]	WIG-Schweißen *(n)*; Wolfram-Inertgas-Schweißen *(n)*; Wolfram-Schutzgas-Schweißen *(n)*; Schutzgas-Wolfram-Lichtbogenschweißen *(n)*
time at temperature; holding time [heat treatment]	Haltezeit *(f)* [Wärmebehandlung]
time base; sweep (line) [ultras.]	Zeitlinie *(f)* [US-Prüfung]
time-temperature transformation curve; TTT curve	ZTU-Schaubild *(n)*; Zeit-Temperatur-Umwandlungs-Schaubild *(n)*
time to repair; TTR	Nichtverfügbarkeitszeit *(f)*
toe [weld]	Nahtrand *(m)* [Schweißnaht]
toeboard [tank]	Fußleiste *(f)* [Tank]
toe-crack	Kerbriß *(m)* [entsteht an Stellen hoher Spannungskonzentration (geometrische Kerben) bei gleichzeitiger vorhandener geometrischer Kerbe]
tolerable defect parameter	zulässiger Fehlerparameter *(m)*
tongue and groove face [flange]	Dichtfläche *(f)* mit Nut und Feder [Flansch]
tongue formation	Zungenbildung *(f)* [Walzen]
tool mark; chip(ping) mark [weld imperfection]	Meißelkerbe *(f)*; abgemeißelte Defektstelle *(f)* [örtlich beschädigte Oberfläche durch unsachgemäßes Meißeln, z. B. beim Entfernen der Schlacke; Nahtfehler]
top angle [tank]	Dacheckring *(m)* [Tank]
top-angle section [tank]	Dacheckringprofil *(n)* [Tank]
top bead [weld]	Decklage *(f)* [Schweißen]
top chord [tank]	Obergurt *(m)* [Tank]
top curb angle [tank]	oberer Bordwinkel *(m)* [Tank]
top-entry ball valve	Kugelhahn *(m)* mit ungeteiltem Gehäuse
top overlap [weld imperfection]	Schweißgutüberlauf *(m)* an der Decklage [Nahtfehler]
top railing [tank]	Handleiste *(f)* [Tank]
top-shell extension [tank]	obere Mantelverlängerung *(f)* [Tank]
top strip [welding]	Abdeckstreifen *(m)* [Schweißen]
torch brazing	Flammlöten *(n)*
toriconical closure	Verschluß *(m)* mit Übergangskrempe
toriconical end [UK]; toriconical head [US]	Kegelboden *(m)* mit Krempe; gekrempter Kegelboden *(m)*
torispherical end [UK]; torispherical head [US]	torisphärischer Boden *(m)*; gewölbter und gekrempter Boden *(m)*; Klöpperboden *(m)* [Radius = Außendurchmesser]; Korbbogenboden *(m)* [tiefgewölbter

torn surface	Boden mit Krempe; Radius = 0,8 × Außendurchmesser]
torn surface [weld imperfection]	Heftstellenfehler *(m)*; Ausbrechung *(f)* [örtliche beschädigte Oberfläche durch unsachgemäßes Entfernen angeschweißter Teile wie z. B. Montagehilfen, Transporthilfen; Nahtfehler]
toroidal bellows	Torusbalg *(m)*
toroidal (bellows) expansion joint	Ringwulstdehnungsausgleicher *(m)*; Ringwulst-Kompensator *(m)*; kreisringförmiger Dehnungsausgleicher *(m)*
toroidal ring	Rundring *(m)*; Rundschnurring *(m)*
torsional rigidity; torsionial stiffness	Verdrehungssteifigkeit *(f)*; Torsionssteifigkeit *(m)*
torsional rotation	Torsionsverdrehung *(f)*
torsional stress	Verdrehspannung *(f)*; Torsionsspannung *(f)*
total head	Gesamtdruckhöhe *(f)*
total leakage; total leaks *(pl)*; integral leakage	Gesamtundichtheit *(f)*; Leckrate *(f)*
total life to failure	Gesamtlebensdauer *(f)* bis zum Bruch
total lift [valve]	Gesamthub *(m)* [Ventil]
total moment loading	Gesamtmomentenbelastung *(f)*
total thermal resistance; overall heat transfer coefficient	Wärmedurchgangswiderstand *(m)*
total travel [pipe]	Gesamtverlagerung *(f)* [Rohrleitung]
trace pattern [ultras.]	Reflektogramm *(n)* [US-Prüfung]
tracer gas [leak test]	Spürgas *(n)* [Dichtheitsprüfung]
trailing shielding gas [welding]	Nachlauf-Schutzgas *(n)* [Schweißen]
transcrystalline crack; transgranular crack	transkristalliner Riß *(m)* [verläuft durch die Kristallite]
transducer [ultras.]	Schwinger *(m)* [US-Prüfung]
transgranular crack; transcrystalline crack	transkristalliner Riß *(m)* [verläuft durch die Kristallite]
transient boiling	Übergangssieden *(n)* [Übergang von der Blasen- zur Filmverdampfung]
transient flow	instationäre Strömung *(f)*
transition flange	Übergangsflansch *(m)*
transition knuckle	Übergangskrempe *(f)*
transition piece; adapter; intermediate piece	Zwischenstück *(n)*
transition temperature	Umwandlungstemperatur *(f)*
transmission electron microscopy; TEM	Transmissions-Elektronenmikroskopie *(f)*; TEM
transmission line	Transportleitung *(f)*
transmission valve	Transportleitungsventil *(n)*
transmitter	Meßaufnehmer *(m)*
transmitter and receiver probe; transceiver probe [ultras.]	Sende- und Empfangsprüfkopf *(m)*; SE-Prüfkopf *(m)* [US-Prüfung]
transmitter probe; sending probe [ultras.]	Sender *(m)* [Prüfkopf, welcher sendet; US-Prüfung]
transverse baffle	Querleitblech *(n)*

transverse crack	Querriß *(m)* [kann liegen: im Schweißgut; in der WEZ; im Grundwerkstoff]
transverse fissure; kidney fracture	Nierenbruch *(m)*
transverse groove	Quernut *(f)*
transverse moment loading	Beanspruchung *(f)* durch ein Quermoment
transverse second surface bend specimen	Querbiegeprobe *(f)* mit der 2. Oberfläche im Zug
transverse shear deformation	Querschubverformung *(f)*
transverse tensile test	Querzugversuch *(m)*
transverse wave probe [ultras.]	Transversalwellen-Prüfkopf *(m)* [US-Prüfung]
trap [condensate]	Kondenstopf *(m)*; Kondensatableiter *(m)*
trap [leak test]	Kühlfalle *(f)* [Leckdetektor]
trap discharge piping	Kondenstopf-Abblaseleitung *(f)*
trap inlet piping	Kondenstopf-Zuführungsleitung *(f)*
traps *(pl)* [locations in the structure of a steel where hydrogen accumulates and induces cracking; hydrogen-induced cracking]	Wasserstoffallen *(f, pl)* [Gefügestellen im Stahl, in denen sich Wasserstoff ansammelt und zu Rissen führt; wasserstoffinduzierte Rißbildung]
travel [pipe]	Verlagerung *(f)* [Rohr]
travel [tank floating head]	Hub *(m)* [Schwimmdecke im Tank]
travelling indication [ultras.]	Wanderanzeige *(f)* [US-Prüfung]
travel moment; lift [valve]	Hub *(m)* [Ventil]
trench	Rohrgraben *(m)*
trench backfill	Verfüllung *(f)*; Grabenauffüllung *(f)*
trench backfill compactor	Grabenverdichter *(m)*
trench bottom	Grabensohle *(f)*
trepanned plug	Bohrkern *(m)*
trepanned plug specimen	Bohrkern-Probe *(f)*
trepanning	Kernbohren *(f)* [Schmiedewalzblock]
trepanning method	Bohrkernverfahren *(n)*
Tresca yield criterion	Gestaltänderungsenergie *(f)* nach Tresca, zum Fließbeginn führende kritische ...
triangular tube arrangement	Dreiecksteilung *(f)* [in Strömungsrichtung versetzte Rohrteilung]
tripping, sideway ...	seitliche Auslenkung *(f)* [von Versteifungen]
true circularity of cross section	kreisrunder Querschnitt *(m)*
true fracture strain	tatsächliche Bruchdehnung *(f)*
truncated cone	Kegelstumpfboden *(m)*
truss [tank]	Binder *(m)* [Tank]
try cock	Probierhahn *(m)*
TTR; time to repair	Nichtverfügbarkeitszeit *(f)*
TTT curve; time-temperature transition curve	ZTU-Schaubild *(n)*; Zeit-Temperatur-Umwandlungs-Schaubild *(n)*
tube	Rohr *(n)* [bei Medium-Umwandlung, z. B. in Wärmetauschern]
tube area	berohrter Bereich *(m)*; Rohrspiegel *(m)*
tube array	Rohrfeldanordnung *(f)*
tube bank	Rohrbündel *(n)* [im Kesselbau]
tube bend; elbow	Rohrkrümmer *(m)*; Rohrbogen *(m)*
tube bundle	Rohrbündel *(n)* [im Wärmetauscher]

tube denting

tube denting	Denting *(n)*; Einschnürung *(f)* von Rohren [durch Korrosion verursachte Einschnürung von Heizrohren im Bereich von Lochplattenabstandshaltern]
tube entrance convection coefficient	konvektive Wärmeübergangszahl *(f)* im Rohreinlauf
tube entrance effect	Rohreinlaufwirkung *(f)*
tube expansions *(pl)*	Rohreinwalzstellen *(f, pl)*
tube field layout	Rohrfeldanordnung *(f)*
tube-fin heat exchanger; finned-tube heat exchanger	Rippenrohrwärmeaustauscher *(m)*
tube hole	Rohrloch *(n)*; Rohrbohrung *(f)*
tube hole pitch	Lochteilung *(f)*; Rohrlochteilung *(f)* [Rohrboden]
tube hole serration	Rohrbohrungskerbverzahnung *(f)*
tube lane	Rohrgasse *(f)*
tube penetration	Rohrdurchführung *(f)*
tube plate [UK]; tubesheet [US]	Rohrboden *(m)*; Rohrplatte *(f)*
tube plate thermal conductance; tubesheet thermal conductance	Wärmeleitung *(f)* des Rohrbodens
tube plate thermal conductivity; tubesheet thermal conductivity	Wärmeleitfähigkeit *(f)* des Rohrbodens
tubeseal, Hammond ... [tank]	Schwimmdachdichtung „tubeseal" *(f)* nach Hammond; Hammond-Schwimmdachabdichtung *(f)*; Tubeseal-Schwimmdachabdichtung *(f)* nach Hammond [Tank] [Definition siehe unter: Hammond tubeseal]
tubesheet [US]; tube plate [UK]	Rohrboden *(m)*; Rohrplatte *(f)*
tube wall	Rohrwandung *(f)*; Rohrwand *(f)*
tubular air heater	Röhrenlufterhitzer *(m)*
tubular heat exchanger; shell-and-tube heat exchanger	Rohrbündelwärmeübertrager *(m)*; RWÜ; Rohrbündelwärmeaustauscher *(m)*; Mantelröhrenwärmeaustauscher *(m)*
tubular stiffener	innere Stützhülse *(f)* [rohrförmige Versteifung]
tungsten inclusion	Wolfram-Einschluß *(m)*
tungsten inert gas welding; TIG welding [UK]; gas tungsten arc welding; GTAW [US]	WIG-Schweißen *(n)*; Wolfram-Inertgas-Schweißen *(n)*; Wolfram-Schutzgas-Schweißen *(n)*; Schutzgas-Wolfram-Lichtbogenschweißen *(n)*
tungsten spatter [weld imperfection]	Wolfram-Spritzer *(m)* [auf der Oberfläche des Grundwerkstoffs oder der Schweißnaht haftender Tropfen; Nahtfehler]
turbulent boundary layers *(pl)*	turbulente Grenzschichten *(f, pl)*
turbulent flow	Turbulenzströmung *(f)*; turbulente Strömung *(f)*; wirblige Strömung *(f)*
turbulent interchange	turbulenter Transport *(m)* [Querströmeffekt bei freiem oder natürlichem Queraustausch durch turbulente Bewegung quer zur Hauptströmungsrichtung]
turn-of-nut-tightening [ASTM]	Drehwinkelverfahren *(n)* [ASTM]

twisted tapes (pl)	verdrallte Leitbleche (n, pl) [Windmühlenflügeln ähnliche Leitschaufeln in Wärmeaustauscherrohren zur Turbulenzerzeugung]
twisted tube	schraubenförmig verdrilltes oder gewundenes Rohr (n) [plattgedrücktes Rohr mit spaltförmigem Querschnitt, das in ein Außenrohr gesteckt wird; die im inneren und äußeren Querschnitt erzeugte Turbulenz erhöht den Wärmeübergang, aber auch den Druckabfall; findet Anwendung in Kompaktwärmeaustauschern]
twisting moment	Verdrehungsmoment (n)
two-pass shell	zweigängiger Mantel (m); Mantel (m) mit zwei Durchgängen
type approval	Bauartzulassung (f)
typical ligament [tubesheet]	regulärer Steg (m) [Rohrboden]

U-bolt

U

U-bolt	Schraubbügel *(m)* [Aufhängung]
U-cup; U-ring; double cup	Doppellippenring *(m)*
ultimate collapse load	Traglastgrenze *(f)* [Tragfähigkeitsanalyse]
ultimate load	Bruchlast *(f)*
ultimate load factor [flange]	Grenzlastfaktor *(m)* [Flansch]
ultimate number of cycles	Grenzlastspielzahl *(f)*
ultrasonically tested for absence of laminations	doppelungsfrei geschallt [V]
ultrasonic flaw detection; ultrasonic test(ing); ultrasonic examination; ultrasonics	US-Prüfung *(f)*; Ultraschallprüfung *(f)*
ultrasonic test result	Ultraschallbefund *(m)*
umbrella-type roof [tank]	Regenschirmdach *(n)* [Tank]
unbalanced moments *(pl)*	unausgeglichene Momente *(n, pl)*
unbounded plastic deformation	unbegrenzte plastische Deformation *(f)*
unbraced length of column [tank]	nicht gehaltene Stützenlänge *(f)* [Tank]
underbead [weld]	Unterraupe *(f)* [Schweißnaht]
underbead crack	Unternahtriß *(m)*
underbead cracking	Unternahtrißbildung *(f)*
under-bottom connection [tank]	Unterbodenanschluß *(m)* [Tank]
underclad cracking	Unterplattierungsrißbildung *(f)*
undercut [weld imperfection]	Einbrandkerbe *(f)* [Nahtfehler]
undercut [flange]	Hinterdrehung *(f)* [Flansch]
undercut, localized intermittent ... [weld imperfection]	nicht durchlaufende Einbrandkerbe *(f)* [Nahtfehler]
undercutting [radiog.]	Unterhöhlung *(f)* [durch Streustrahlung; Durchstrahlungsprüfung]
undercutting for seating [valve]	Eindrehung *(f)* für den Sitz [Ventil]
underfill [weld imperfection]	weggeschmolzene Stirnlängskante *(f)* [Kehlnaht]; ungenügende Fugenfüllung *(f)* [Fugennaht]
underflushing; excessive dressing [weld imperfection]	Unterschleifen *(n)* [unzulässige Verminderung des Werkstücks oder der Nahtdicke durch Schleifen; Nahtfehler]
undermatching weld metal	Schweißgut *(n)* mit geringerer Festigkeit
underwashing; root concavity; suck-back; shrinkage groove [weld imperfection]	Wurzelrückfall *(m)* [Nahtfehler]
unexpanded tube	nicht eingewalztes Rohr *(n)*
ungasketed seal-welded flange	dichtungsloser dichtgeschweißter Flansch *(m)*; Flansch *(m)* ohne Dichtung mit Dichtschweißung [Schweißlippendichtung]
uniaxial load	einachsige Beanspruchung *(f)*
uniaxial stress state	einachsiger Spannungszustand *(m)*
uniformly distributed porosity [weld imperfection]	gleichförmig verteilte Porosität *(f)* [zahlreich verstreute Poren; Nahtfehler]
uniform tubehole pattern	regelmäßiges Lochfeld *(n)*; regelmäßiges Rohrlochfeld *(n)*

union cross	kreuzförmige Verschraubung (f) mit vierseitigem Rohranschluß; Kreuzung (f) mit vierseitigem Rohranschluß
union elbow	Winkelverschraubung (f) mit zweiseitigem Rohranschluß
union tee	T-Verschraubung (f) mit dreiseitigem Rohranschluß
unit area	Flächeneinheit (f)
unit moment	Flächeneinheitsmoment (n)
unit soil loading [tank]	Bodenpressung (f) [Tank]
unit stress; stress per unit area	Spannung (f) pro Flächeneinheit
universal expansion joint	Universalkompensator (m) [für allseitige Bewegungsaufnahme]
universal pressure-balanced expansion joint	eckentlasteter Gelenkkompensator (m)
unnotched specimen	Vollstab (m) [Werkstoffprüfung]
unperforated rim [tubesheet]	unberohrter Randbereich (m) [Rohrboden]
unpierced dished end [UK]; unpierced dished head [US]	gewölbter Vollboden (m)
unpierced end [UK]; unpierced head [US]; plain end [UK]; plain head; blank head [US]	ungelochter Boden (m); Vollboden (m); Boden (m) ohne Ausschnitte
unpierced shell	Mantel (m) ohne Ausschnitte
unplanned availability time	Ausfallzeit (f) [Störanteil der Nichtverfügbarkeitszeit]
unpressurized; depressurized	drucklos
unrefined columnar region [welding]	nicht umgewandelte Stengelkristallzone (f) [Schweißen]
unreinforced seal; homogeneous seal	nicht armierte Dichtung (f); unbewehrte Dichtung (f)
unrestrained position	nicht durch Einspannung behinderte Lage (f)
unseat [v]; lift off a seat [v] [valve]	abheben [V] vom Sitz [Ventil]
unstable crack growth	instabiles Rißwachstum (m)
unstable crack propagation	instabile Rißausbreitung (f)
unstable fracture	instabiler Bruch (m)
unstamped backfill	nicht unterstopfte Hinterfüllung (f)
unstayed flat end [UK]; unstayed flat head [US]	unverankerter ebener Boden (m)
unsteady conduction of heat; unsteady (-state) heat conduction; heat conduction in the unsteady state	instationäre Wärmeleitung (f)
unsteady flow	instationäre Strömung (f); nichtstationäre Strömung (f)
unsupported length; effective length; buckling length	Knicklänge (f); Beullänge (f)
unsupported length of bellows	ungestützte Balglänge (f)
unsupported tube span	ungestützte Rohrspannweite (f)
unwelded land	unverschweißter Bereich (m)
unwetted heat exchanger	trockener Wärmeaustauscher (m)
uplift [tank shell]	Auftrieb (m); Abheben (n) [Tankmantel]
upper bound approach	Näherungsverfahren (n) für die obere Grenzlast

upper bound collapse load	
upper bound collapse load	obere Grenzlast *(f)* [obere Eingrenzung der Grenzlast bei der Tragfähigkeitsanalyse]
upper shelf [impact test]	Hochlage *(f)* [Kerbschlagbiegeversuch]
upper shelf energy level [impact test]	Energieniveau *(n)* der oberen Hochlage [Kerbschlagbiegeversuch]
uprating	Leistungserhöhung *(f)*
U-profile bellows	U-Profilbalg *(m)*; Balg *(m)* mit U-Profil; fiktiv: Kompensatorwelle *(f)* mit Kreisringplatte
upset [v]	stauchen [V]
upset allowance	Stauchlängenzugabe *(f)*
upset condition [operation]	Störfall *(m)* [im Betrieb]
upset length loss	Stauchlängenverlust *(m)*
upset pressure	Stauchdruck *(m)*
upsetting	Stauchen *(n)*; Anstauchen *(n)*
upsetting force	Stauchkraft *(f)*
upsetting operation	Stauchvorgang *(m)*
upsetting test	Stauchversuch *(m)*
upset underfill	unausgefüllte Stauchung *(f)*
upset wrinkle	Stauchfalte *(f)*
upturned fibre	Faserumlenkung *(f)*
upturned fibre imperfections *(pl)*	Unvollkommenheiten *(f, pl)* durch Faserumlenkung
U-ring section	U-Profilring *(m)*
U-span profile bellows	abgespannter U-Dehnungsausgleicher *(m)*
U-tube heat exchanger	U-Rohr-Wärmeaustauscher *(m)*; U-Röhren-Wärmeübertrager *(m)*

V

vacuum arc remelt process; VAR process	Vakuum-Lichtbogen-Umschmelzverfahren *(n)*
vacuum box	Vakuumkammer *(f)*
vacuum pressure; suction pressure	Unterdruck *(m)*
vacuum relief valve; anti-void valve; anti-vacuum valve	Vakuumbrecher *(m)*; vakuumbrechendes Ventil *(n)*; Unterdruckbegrenzungsventil *(n)*
vacuum testing	Vakuumprüfung *(f)*
valve	Ventil *(n)*
valve, combined stop and check ...	kombiniertes Absperr- und Rückschlagventil *(n)*
valve actuator	Ventil-Stellenantrieb *(m)*
valve body	Ventilkörper *(m)*; Ventilgehäuse *(n)*
valve (body) seat	Ventilsitz *(m)*
valve bonnet; valve cap; valve cover; valve hood	Ventildeckel *(m)*; Ventilaufsatz *(m)* (mit Spindelführung); Ventilkappe *(f)*
valve cap; valve bonnet; valve cover; valve hood	Ventildeckel *(m)*; Ventilaufsatz *(m)* (mit Spindelführung); Ventilkappe *(f)*
valve capacity; flow capacity; flow rating	Durchflußkapazität *(f)*; Ventilkapazität *(f)*; Durchsatz *(m)*
valve characteristics *(pl)*; valve response	Ventilcharakteristik *(f)*; Ventilverhalten *(n)*
valve chatter; valve vibration; valve oscillation	Ventilschwingung *(f)*; Ventilschnarren *(n)*; Ventilflattern *(n)*
valve cover; valve bonnet; valve cap; valve hood	Ventildeckel *(m)*; Ventilaufsatz *(m)* (mit Spindelführung); Ventilkappe *(f)*
valve disk	Ventilkegel *(m)*; Ventilteller *(m)*
valve hammering	Ventilschläge *(m, pl)*
valve head face	Kegeldichtfläche *(f)* [Sicherheitsventil]
valve hood; valve bonnet; valve cap; valve cover	Ventildeckel *(m)*; Ventilaufsatz *(m)* (mit Spindelführung); Ventilkappe *(f)*
valve lift	Ventilhub *(m)*
valve lift stop	Hubbegrenzung *(f)* [Ventil]
valve liner	Ventilbüchse *(f)*
valve oscillation; valve chatter; valve vibration	Ventilschwingung *(f)*; Ventilschnarren *(n)*; Ventilflattern *(n)*
valve plate	Flachschieber *(m)*; Planschieber *(m)*; Ventilplatte *(f)*
valve position indicator	Ventil-Stellungsgeber *(m)*
valve rating; flow capacity; flow rating	Durchflußkapazität *(f)*; Ventilkapazität *(f)*; Durchsatz *(m)*
valves and accessories *(pl)*	Armaturen *(f, pl)* [feine Armatur]
valve seat	Ventilsitz *(f)*
valve setting	Ventileinstellung *(f)*
valve size	Ventilweite *(f)*
valve spindle; valve stem	Ventilstößel *(m)*; Ventilspindel *(f)*
valve spool; valve piston	Schieber *(m)*; Ventilkolben *(m)*; Steuerschieber *(m)*
valve vibration; valve chatter; valve oscillation	Ventilschwingung *(f)*; Ventilschnarren *(n)*; Ventilflattern *(n)*
valve yoke	Laterne *(f)* [Ventilaufsatz]

vanishing thread | auslaufendes Gewinde *(n)*
Van Stoned ends *(pl)* [In this type of construction, the flanges are slipped over the ends of the bellows and the bellows material is flared out or „Van Stoned" over the flanges. The bellows material prevents contact between the flanges and the medium flowing through the pipe. The Van Stoned portion of the bellows material overlapping the face of the flanges creates a condition which is equivalent to a raised face; bellows expansion joint] | Van-Stone-Enden *(n, pl)* [Bei dieser Konstruktion werden die Flansche über die Balgenden geschoben, und der Balgwerkstoff wird nach außen über die Flanschdichtflächen umgebördelt. Der Balgwerkstoff verhindert den Kontakt zwischen den Flanschen und dem das Rohr durchströmenden Medium. Der umgebördelte Teil des Balgwerkstoffes, der die Flanschdichtfläche überlappt, erzeugt einen Zustand, der dem einer Dichtleiste äquivalent ist; Kompensatorbalg]
vapour | Dampf *(m)*
vapourization | Verdampfung *(f)*
vapour-tight skirt [tank] | dampfdichter Bord *(m)* [Tank]
variable amplitude loading | Belastungen *(f, pl)* mit veränderlicher Amplitude
variable and constant supports *(pl)* | Unterstützungen *(f, pl)* mit variabler und konstanter Stützkraft
variable angle-beam probe [ultras.] | Winkel-Prüfkopf *(m)* mit veränderlichem Winkel [US-Prüfung]
variable design point method | Verfahren *(n)* mit veränderlichen Auslegungspunkten
variable sensitivity probe [ultras.] | Tiefenprüfkopf *(m)* [US-Prüfung]
variable spring base support | Federbüchse *(f)*
variable spring hanger | Federhänger *(m)*
VAR process; vacuum arc remelt process | Vakuum-Lichtbogen-Umschmelzverfahren *(n)*

vee notch | V-Kerbe *(f)*
vee out [v] [weld] | auskreuzen [V] [eine V-Naht]
vehicle [fluid] | Trägerflüssigkeit *(f)*
velocity boundary layer | Geschwindigkeitsgrenzschicht *(f)*
vent; air bleeder; vent (port); bleeder; bleeder hole; bleeder port | Entlüftungsbohrung *(f)*; Entlüftungsöffnung *(f)*; Entlüftung *(f)*; Entlüfter *(m)*
vent; deaerate; evacuate air [v] | entlüften [V]
vent hole [welding] | Entlüftungsbohrung *(f)* [Schweißen]
ventilation; aeration; airing | Entlüftung *(f)*
ventilation nozzle | Entlüftungsdüse *(f)*
vent piping | Entlüftungsleitungen *(f, pl)*
vent plug | Entlüftungsstopfen *(m)*
vent slots *(pl)* | Entlüftungsschlitze *(m, pl)*
vent stacks *(pl)* | Abzugsrohre *(n, pl)*
vent valve | Entlüftungsventil *(n)*
vertical-down technique [welding] | Fallnahttechnik *(f)* [Schweißen]
vertical lift rate [welding] | senkrechte Steiggeschwindigkeit *(f)* [Schweißen]

vertical tube evaporation; VTE | Fallfilmdestillation *(f)*
vertical-up technique [welding] | Steignahttechnik *(f)* [Schweißen]
vessel | Behälter *(m)*
vessel, pressure ... | Druckbehälter *(m)*
vessel internals *(pl)* | Behältereinbauten *(m, pl)*

vessel shell	Behältermantel *(m)*
vessel support lug	Behältertragpratze *(f)*
vessel under external pressure	außendruckbeanspruchter Behälter *(m)*
vessel under internal pressure	innendruckbeanspruchter Behälter *(m)*
vibration damper	Schwingungsdämpfer *(m)*
violent arc [welding]	unruhiger Lichtbogen *(m)* [Schweißen]
virtual leak; hangup [leak test]	virtuelles Leck *(n)*; scheinbares Leck *(n)*; scheinbarer Fehler *(m)* [entsteht durch langsames Entweichen von absorbiertem oder eingeschlossenem Spürgas; Dichtheitsprüfung]
visible oxide film; temper colour; temper film [weld]	Anlauffarbe *(f)* [oxydierte Oberfläche im Bereich der Schweißnaht]
visual examination	Sichtprüfung *(f)*; visuelle Prüfung *(f)*
V-notch specimen	Spitzkerbprobe *(f)* [ISO]
void	Hohlraum *(m)*; Leerstelle *(f)*
volume flow; volumetric flow (rate)	Volumendurchsatz *(m)*; Volumenstrom *(m)*
vortex	Wirbel *(m)*
vortex motion	Wirbelbewegung *(f)*
vortex shedding frequency	Wirbelablösungsfrequenz *(f)*
V-profile bellows	Balg *(m)* mit V-Profil; V-Profilbalg *(m)*
VTE; vertical tube evaporation	Fallfilmdestillation *(f)*
V-thread	Spitzgewinde *(n)*

wake

W

wake [flow regime]	Nachlauf *(m)* [Strömungsbereich]
wake buffeting	Wake Buffeting *(n)*; Turbulenz *(f)* in der ungeordneten Nachlaufströmung [Das Kreisprofil befindet sich ebenfalls in der Nachlaufströmung vorgelagerter Zylinder. In diesem Fall ist die Wirkung der Turbulenz in der ungeordneten Nachlaufströmung auf das betrachtete Profil für die Anregung entscheidend; siehe „buffeting"; fluidisch induzierte Schwingungen von Kreiszylindern]
wake capture phenomenon; lock-in phenomenon	Einschließungsphänomen *(n)*; Mitnahmeeffekt *(m)* [Synchronisation der Rohreigenfrequenzen mit eventuell auftretenden Wirbelablösungen]
wake galloping	Wake Galloping *(n)* [Die Formanregung (galloping) ist der Grundtyp selbsterregter fluidelastischer Schwingungen: Die Schwingungen - in der Regel normal zur Strömungsrichtung - werden von fluidischen Kräften induziert, die in Beziehung mit der Schwinggeschwindigkeit der Struktur gesehen werden müssen. Galloping tritt am einzelnen Kreisprofil nicht auf und ist als „wake galloping" zurückzuführen auf das Auftriebs- und Widerstandsverhalten eines Kreiszylinders in der Nachlaufströmung vorgelagerter gleichartiger Profile; fluidisch induzierte Schwingungen von Kreiszylindern]
walkways *(pl)* [tank]	Laufstege *(m, pl)* [Tank]
wall boundary layer	Wandgrenzschicht *(f)*
wall box	Abdichtkasten *(m)* [für grobe Armaturen]
wall friction	Wandreibung *(f)*
wall roughness	Wandungsrauheit *(f)*
wall thickness allowance	Wanddickenzuschlag *(m)*
wall thinning	Wanddickenminderung *(f)*
wall thinning allowance	Wanddickenminderungszuschlag *(m)*
warm prestressing	Warmvorspannung *(f)*
warping	Verwerfung *(f)*; Unebenheit *(f)*; Verziehung *(f)*
wash pass	zusätzliche Decklage *(f)* [Schweißnaht]
wastage [corrosion]	Gleichmaßabtrag *(m)* [durch Aufkonzentration von Phosphat hervorgerufen]
waste heat	Abhitze *(f)*; Abwärme *(f)*
waste-heat recovery system	Abwärmenutzungssystem *(n)*; Abhitzenutzungssystem *(n)*
water break test	Wasserabreißprüfung *(f)*
water column	Wasserstandsäule *(f)*
water conversion factor; WCF [seawater desalination]	Ausbeute *(f)* [bei der Meerwasserentsalzung]
water drawoff sump	Wasserabzugssumpf *(m)*

weld-adjacent zone

water gauge (glass)	Wasserstandanzeiger *(m)* [als Glasgerät; für niedrige Drücke]
water hammer; hydraulic shock; line shock	Wasserschlag *(m)*; hydraulischer Stoß *(m)*; Druckstoß *(m)*; Druckschlag *(m)*
water level	Wasserstand *(m)*
water level indicator	Wasserstandanzeiger *(m)* [für hohe Drücke]
water pocket [pipe]	Wassersack *(m)* [Rohrleitung]
water pressure	Wasserdruck *(m)*
water seal	Wassertasse *(f)*; Wasservorlage *(f)*
water seal excursion	Ausschlag *(m)* der Wasservorlage
water separator	Wasserabscheider *(m)*
water temperature	Wassertemperatur *(f)*
wear and tear	Verschleiß *(m)*
wear part	Schleißteil *(n)*
wear plate	Schleißblech *(n)*; Schleißplatte *(f)*
wear ring	Verschleiß-Schutzring *(m)*
weather cover	Wetterabdeckung *(f)*
weathering [gen.]	Verwitterung *(f)*; Verwetterung *(f)* [allg.]
weathering [liquified natural gas]	Weathering *(n)* [Veränderung der Zusammensetzung des im Tank gelagerten LNG (verflüssigtes Erdgas) durch Abführen des durch Wärmeeinfall in den Tank entstehenden Boil-Off-Gases in der Halteperiode]
weathering steel	witterungsbeständiger Stahl *(m)*
weather shield	Witterungsschutz *(m)*
weave bead	Pendelraupe *(f)* [Schweißen]
weave bead technique	Pendelraupentechnik *(f)* [Schweißen]
weaving; oscillation [welding electrode]	Pendelbewegung *(f)* [Schweißelektrode]
web bracing	Ausfachung *(f)* [Stahlbau]
web member	Ausfachungsstab *(m)*
web plate	Stegblech *(n)*
wedge gate valve	Keilschieber *(m)* [Ventil]
weighted average heat transfer coefficient	bewertete mittlere Wärmedurchgangszahl *(f)*
weir	Überlaufplatte *(f)*
weld; seam	Schweißnaht *(f)*; Naht *(f)*
weld, double bevel groove ...	Doppel-halbe V-Naht *(f)*; K-Naht *(f)*
weld, double-J groove ...	Doppel-HU-Naht *(f)*; Doppel-J-Naht *(f)*; halbe Tulpennaht *(f)*
weld, double-U groove ...	Doppel-U-Naht *(f)*
weld, double-vee groove ...	Doppel-V-Naht *(f)*; X-Naht *(f)*
weld, single-bevel groove ...	HV-Naht *(f)*
weld, single-J-groove ...	HU-Naht *(f)*
weld, single-U groove ...	U-Naht *(f)*
weld, single-vee groove ...	V-Naht *(f)*
weld, single-vee groove ... with root face	halbe Y-Naht *(f)*
weld, square groove ...	I-Naht *(f)*
weldability	Schweißbarkeit *(f)*; Schweißeignung *(f)*
weldable quality	Schweißqualität *(f)*
weldable quality pipe	Rohr *(n)* in Schweißqualität
weldable seal membrane	Schweißmembran-Dichtring *(n)*
weld-adjacent zone	Nebennahtzone *(f)*; schweißnahtnaher Bereich *(m)*

weld area crack

weld area crack	Riß *(m)* im Schweißnahtbereich
weld cladding	Schweißplattierung *(f)*
weld deposit build-up	aufgetragenes Schweißgut *(n)*
welded attachment	Schweißanschluß *(m)*
welded construction; weldment	Schweißkonstruktion *(f)* [fertiges Schweißteil]
welded-end closure	geschweißter Endverschluß *(m)*
welded flat end [UK]; welded flat head [US]	Vorschweißboden *(m)*
weld(ed) joint	Schweißverbindung *(f)*
welded pad	aufgeschweißter Blockflansch *(m)*
welded patch	aufgeschweißter Flicken *(m)*
welded socket	Schweißnippel *(m)*
welded transition	geschweißtes Übergangsstück *(n)*
weld end; welding end	Anschweißende *(n)*
welder's approval test [UK]; welder's performance qualification [US]; welder's qualification test	Schweißerprüfung *(f)* [Befähigungsnachweisprüfung von Schweißern]
weld factor; joint factor; efficiency of weld; weld (joint) efficiency	Schweißnahtfaktor *(m)*; Nahtfaktor *(m)*; obs.: Verschwächungsbeiwert *(m)* der Schweißnaht
weld fusion boundary (line)	Schmelzlinie *(f)* der Schweißnaht
weld imperfection; imperfection in welding	Schweißnahtfehler *(m)*
welding arc	Schweißlichtbogen *(m)*
welding attachments *(pl)*	Anschweißteile *(n, pl)*
welding bead	Schweißnaht-Raupe *(f)*
welding bell	Schweißglocke *(f)*
welding cap	Anschweißdeckel *(m)*
welding consumables *(pl)*	Schweißhilfsstoffe *(m, pl)*
welding elbow	Schweißbogen *(m)*; Anschweiß-Kniestück *(n)*
weld(ing) end	Anschweißende *(n)*
welding end connection	geschweißter Anschluß *(m)*
welding engineer	Schweißfachingenieur *(m)*
welding heat	Schweißwärme *(f)*
welding inspector	Schweißsachverständiger *(m)*
welding-neck flange	Vorschweißflansch *(m)*
welding on site	Baustellenschweißen *(n)*
welding procedure qualification; WPQ [US]; approval (testing) of welding procedure [UK]	Schweißverfahrensprüfung *(f)*; Verfahrensprüfung *(f)*
welding procedure qualification record	Schweißverfahrensprüfprotokoll *(n)*; Verfahrensprüfprotokoll *(n)*; Protokoll *(n)* der Schweißverfahrensprüfung
welding procedure sheet	Schweißplan *(m)*
welding procedure specification; WPS	Schweißverfahrensspezifikation *(f)*
welding residual stress	Schweißeigenspannung *(f)*
welding rod; filler rod	Stabelektrode *(f)*
welding sequence	Schweißfolge *(f)*
welding variables *(pl)*	schweißtechnische Einflußgrößen *(f, pl)*
welding wire; filler wire	Schweißdraht *(m)*
weld junction	Schweißnahtübergang *(m)*
weld-lip seal	Schweißlippendichtung *(f)*

weldment; welded construction	Schweißkonstruktion *(f)* [fertiges Schweißteil]
weld metal	Schweißgut *(n)*
weld metal overlay	Schweißplattierung *(f)*
weld (metal) zone	Schmelzzone *(f)* [Schweißen]
weld-on union	Anschweißverschraubung *(f)*
weld overlay interface	Schweißplattierungsgrenzfläche *(f)*
weld pad	Schweißbacke *(f)* [Halterung]
weld pool	Schweißbad *(n)*
weld pool depth	Schweißbadtiefe *(f)*
weld position	Schweißlage *(f)*
weld reinforcement; excess weld metal [weld imperfection]	Schweißnahtüberhöhung *(f)*; Nahtüberhöhung *(f)* [Nahtfehler]
weld ripples *(pl)*	Raupenwellungen *(f, pl)*; Welligkeit *(f)* der Schweißnaht
weld root gap	Stegabstand *(m)* [Naht]
weld run	Schweißlage *(f)*
weld shrinkage	Nahtschrumpfung *(f)* [Schweißen]
weld spatter	Nahtspritzer *(m)*
weld structure	Schweißgefüge *(n)*
weld testing	Schweißnahtprüfung *(f)*
weld upset [weld imperfection]	Schweißnahtüberhöhung *(f)* [Wulst; Nahtfehler]
wet collisions *(pl)*	Wärmeübergang *(m)* von der Wand an Tropfen [die die Wand zeitweise berühren]
wet developer	Naßentwickler *(m)*
wet magnetic particle inspection	Magnetpulverprüfung *(f)* mit Naßpulver
wetting agent	Benetzungsmittel *(n)*
wetting temperature; quench temperature	Wandtemperatur *(f)* bei Benetzung [meist als minimale Wandtemperatur definiert, bei der stabiles Filmsieden aufrecht erhalten werden kann; auch: Temperatur, bei der die Geschwindigkeit der Benetzungsfront unabhängig wird]
whipping pipe	ausschlagende Rohrleitung *(f)*
whip restraint, pipe ...	Rohrausschlagsicherung *(f)*
whip test, pipe ...	Rohrausschlagversuch *(m)*
whirling	Whirling *(n)*; willkürliche Auslenkung *(f)* [hervorgerufen z. B. durch ungleichmäßige Wärmedehnungen von Rohren in Zylindergittern von Wärmeaustauschern; kann die benachbarten Zylinder beeinflussen. Durch die Wechselwirkung über das die Rohre umströmende Fluid werden diese Rohre fluidisch gekoppelt. Sie bewegen sich auf für diese Schwingungsform charakteristischen elliptischen Bahnen]
whirling motion	Wirbelbewegung *(f)*
width across corners	Eckmaß *(n)*
width across flats [bolts and nuts]	Schlüsselweite *(f)* [Schrauben und Muttern]
Wiggins safety seal (system) [tank]	Safety-Seal-Schwimmdachabdichtung *(f)* nach Wiggins; Wiggins-Schwimmdachab-

Wiggins slimline system	
	dichtungssystem „Safety Seal" *(f)* [Def. siehe unter: „safety seal system, Wiggins"]
Wiggins slimline system	Wiggins-Schwimmdachabdichtung „Slimline" *(f)*; Slimline-Schwimmdachabdichtung *(f)* nach Wiggins [Def. siehe unter: „slimline system, Wiggins"]
wind girder **[tank]**	Windträger *(m)* [Tank]
wind load	Windbelastung *(f)*
windshield wipers *(pl)*	scheibenwischerartige Störungen *(f, pl)* [zufällige Störungen, die durch großen Rippenabstand von Wärmeübertragungsflächen angefacht werden und wie Scheibenwischer einen sehr dünnen Flüssigkeitsfilm auf der Oberfläche erzeugen, wodurch ein verbesserter Wärmeübergang erzielt wird]
wind-skirt **[tank]**	Windschürze *(f)* [Tank]
wind sway	Windschwingungen *(f, pl)*
wing wall **[tank]**	Flügelmauer *(f)* [Tank]
wire feed speed **[welding]**	Drahtvorschubgeschwindigkeit *(f)* [Schweißen]
wire-type image quality indicator **[radiog.]**	Drahtbildgüteprüfsteg *(f)* [Durchstrahlungsprüfung]
work hardening	Kaltverfestigung *(f)* [Werkstoff]
working gauge pressure	Betriebsüberdruck *(m)*
working spring rate	Arbeits-Federkonstante *(f)*; tatsächliche Federkonstante *(f)*
wormhole	Schlauchpore *(f)* [schlauchförmiger Gaseinschluß in verschiedenartiger Lage; einzeln oder gehäuft (z. B. Krähenfüße) auftretend]
wormholes, aligned ... *(pl)*	Schlauchporenkette *(f)*; lineare Schlauchporen *(f, pl)*
wormholes, isolated ... *(pl)*	einzelne Schlauchporen *(f, pl)*
WPQ; welding procedure qualification **[US]**; **approval (testing) of welding procedure** **[UK]**	Schweißverfahrensprüfung *(f)*; Verfahrensprüfung *(f)*
WPS; welding procedure specification	Schweißverfahrensspezifikation *(f)*
wrapping	Wickeln *(n)*
wrenching technique	Schraubenschlüsselverfahren *(n)* [Anziehen von Schrauben mit normalem Schlüssel im Gegensatz zum Drehmomentschlüssel]
wrinkle bend	Faltenrohrkrümmer *(m)*
wrinkling	Faltenbildung *(f)*
wrinkling **[shell]**	vielwelliges Ausbeulen *(n)* in Umfangsrichtung [tritt z. B. bei einem unter Innendruck stehenden zylindrischen Behälter, der mit einem Bodenabschluß bestehend aus einer Kugelkalotte und einem torusförmigen Übergangsstück versehen ist, aufgrund von Druckspannungen im torusförmigen Übergangsstück auf]

wrought material   Halbzeug *(n)*
wrought steel   Schweißstahl *(m)*

X-ray analysis

X

X-ray analysis	Röntgenanalyse *(f)*
X-ray diffraction analysis; X-ray microstructure analysis	Röntgenbeugungsuntersuchung *(f)*; Röntgenfeinstrukturuntersuchung *(f)*; röntgenographische Untersuchung *(f)* der Feinstruktur
X-ray diffraction pattern	Röntgenbeugungsdiagramm *(n)*
X-ray fluorescence analysis	Röntgenfluoreszenzanalyse *(f)*
X-ray macrostructure analysis	Röntgengrobstrukturanalyse *(f)*; röntgenographische Untersuchung *(f)* des Grobgefüges
X-ray microstructure analysis; X-ray diffraction analysis	Röntgenfeinstrukturanalyse *(f)*; röntgenographische Untersuchung *(f)* der Feinstruktur; Röntgenbeugungsuntersuchung *(f)*
X-ray test	Röntgenprüfung *(f)*

Y

Y-branch	Hosenstutzen *(m)*
yield, full . . .	plastische Verformung *(f)* [des tragenden Ligaments] durch Fließen
yield criterion, von Mises . . .	Gestaltänderungsenergiehypothese *(f)* nach von Mises
yield factor; minimum design seating stress [gasket]	Mindestflächenpressung *(f)* [für das Vorverformen der Dichtung; Dichtungskennwert; kleinste mittlere Flächenpressung, die im Betrieb notwendig ist, um ein erforderliches Dichtverhalten der Dichtung zu erzielen]
yielding	Fließen *(n)*
yielding [gasket]	Nachgiebigkeit *(f)* [einer Dichtung]
yielding, circumferential . . .	Fließen *(n)* in Umfangsrichtung
yielding, contained . . .	teilplastisches Fließen *(n)* [Def. siehe unter: contained yielding]
yielding, general . . .	vollplastisches Fließen *(n)*
yielding, gross section . . .	allgemeines Fließen *(n)*
yielding, membrane . . .	plastisches Fließen *(n)*
yielding, net section . . .	Ligamentfließen *(n)*
yielding, small scale . . .; SSY	Kleinbereichsfließen *(n)*; Fließen *(n)* im kleinplastischen Bereich
yielding fracture mechanics *(pl)*	Fließbruchmechanik *(f)*
yield point [US]; yield stress [UK]	Streckgrenze *(f)*; Fließgrenze *(f)* [früher auch: Formänderungsfestigkeit *(f)*]
yield point at elevated temperature [US]; high-temperature yield stress [UK]; hot yield point	Warmstreckgrenze *(f)*
yield strain	Fließdehnung *(f)* [Verhältnis Streckgrenze/ Elastizitätsmodul]
yield strength [US]; proof stress [UK]	Dehngrenze *(f)*, 0,2% . . . [0,1% für Austenite]
yield strength, 0.2% offset . . .	Ersatzstreckgrenze *(f)* bei 0,2% plastischer Dehnung
yield strength at temperature [US]; elevated temperature proof stress; proof stress at elevated temperature [UK]	Warmstreckgrenze *(f)* [0,2%-Dehngrenze bei höheren Temperaturen]
yield stress [UK]; yield point [US]	Streckgrenze *(f)*; Fließgrenze *(f)* [früher auch: Formänderungsfestigkeit *(f)*]
yoke [valve]	Bügelaufsatz *(m)* [Ventil]
yoke bonnet [valve]	Bügeldeckel *(m)* [Ventil]
yoke magnetization [magn. t.]	Jochmagnetisierung *(f)* [Magnetpulverprüfung]
yoke technique [magn. t.]	Jochtechnik *(f)* [Magnetpulverprüfung]
Young's modulus; modulus of elasticity	Elastizitätsmodul *(m)*; E-Modul *(m)*
Y-pipe	Gabelrohr *(n)*; Hosenrohr *(n)*
Y-section	Hosenstück *(n)*

zero load

Z

zero load	Nullast *(f)*
zero-load flow; no-load flow	Durchflußstrom *(m)* bei Nullast; Nullast-Durchflußstrom *(m)*
zig-zag pitched [tube pitch]	in Zickzackrichtung *(f)* geteilt [Rohrteilung]
zone adjacent to the weld; weld-adjacent zone	Nebennahtzone *(f)*; schweißnahtnaher Bereich *(m)*
zone of the arc; arc zone [welding]	Bogenzone *(f)*; Lichtbogenzone *(f)* [Schweißen]
zone strip	Zonenstreifen *(m)*

Bibliography
Schrifttumsnachweis

ANSI — American National Standards Institute
B 16.5 — Steel Pipe Flanges and Flanged Fittings / 1981 Edition
B 31.1 — Power Piping / 1983 Edition
B 31.3 — Chemical Plant and Petroleum Refinery Piping / 1984 Edition
B 31.8 — Gas Transmission and Distribution Piping Systems / 1982 Edition

API — American Petroleum Institute
Bulletin 5T1 — Nondestructive Testing Terminology / 1978 Edition
API 650 — Welded Steel Tanks for Oil Storage / 1982 Edition

ASME — American Society of Mechanical Engineers
Section V — Nondestructive Examination / 1983 Edition
Section VIII, Division 1 — Rules for Construction of Pressure Vessels / 1983 Edition
Section VIII, Division 2 — Rules for Construction of Pressure Vessels / 1983 Edition
Section IX — Welding and Brazing Qualifications / 1983 Edition

ASNT — American Society for Nondestructive Testing
SNT-TC-1A — Recommended Practice / 1980 Edition

ASTM — American Society for Testing and Materials
Compilation of ASTM Standard Definitions / 1982 Edition

BSI — British Standards Institute
BS 3059: Part 1 — Low tensile carbon steel tubes without specified elevated temperature properties / 1978 Edition
BS 3059: Part 2 — Carbon, alloy and austenitic stainless steel tubes with specified elevated temperature properties / 1978 Edition
BS 5500 — Unfired fusion welded pressure vessels / 1985 Edition

EJMA — Expansion Joint Manufacturers' Association
EJMA-Standards / 5th Edition 1980

TEMA — Tubular Exchanger Manufacturers' Association
TEMA-Standards / 1978 Edition

WRC — Welding Research Council
WRC 107 — Local stresses in cylindrical shells due to external loadings / 1979 Edition

AD-Merkblätter
Gesamtausgabe 1983

DECHEMA — Deutsche Gesellschaft für chemisches Apparatewesen e.V.
Dechema-Monographie Band 87
Wärmeaustauscher: Konstruktion, Berechnung, Werkstoff; Ausgabe 1980

DIN — Deutsches Institut für Normung
DIN 4119 Teil 2 — Oberirdische zylindrische Flachboden-Tankbauwerke aus metallischen Werkstoffen; Berechnung. Auflage 2.80
DIN 8524 — Fehler an Schmelzschweißverbindungen aus metallischen Werkstoffen Blatt 1 — 11.1971, Teil 2 — 3.1979, Teil 3 — 8.1975

KTA — Kerntechnischer Ausschuß
Sicherheitstechnische Regel KTA 3201.2 Komponenten des Primärkreislaufs von Leichtwasserreaktoren. Teil: Auslegung, Konstruktion und Berechnung. Fassung Oktober 1983

TRD — Technische Regeln für Dampfkessel
Gesamtausgabe 1985

VDI — Verein Deutscher Ingenieure
VDI-Wärmeatlas — Berechnungsblätter für den Wärmeübergang. 4. Auflage 1984

Gregorig, Romanio; Wärmeaustauscher. Ausgabe 1959, Verlag H. R. Sauerländer & Co.

Klapp, Eberhard; Festigkeit im Apparate- und Anlagenbau. 1. Auflage 1970, Werner Verlag

Krautkrämer — Werkstoffprüfung mit Ultraschall. 3. Auflage 1975, Springer-Verlag Ultrasonic Testing of Materials, Second Edition, Translation by Springer-Verlag 1977

Schwaigerer, Siegfried; Festigkeitsberechnung im Dampfkessel-, Behälter- und Rohrleitungsbau. 4. Auflage 1983, Springer Verlag

Notizen

Notizen

Notizen

Notizen